MATHE
IN 30 SEKUNDEN

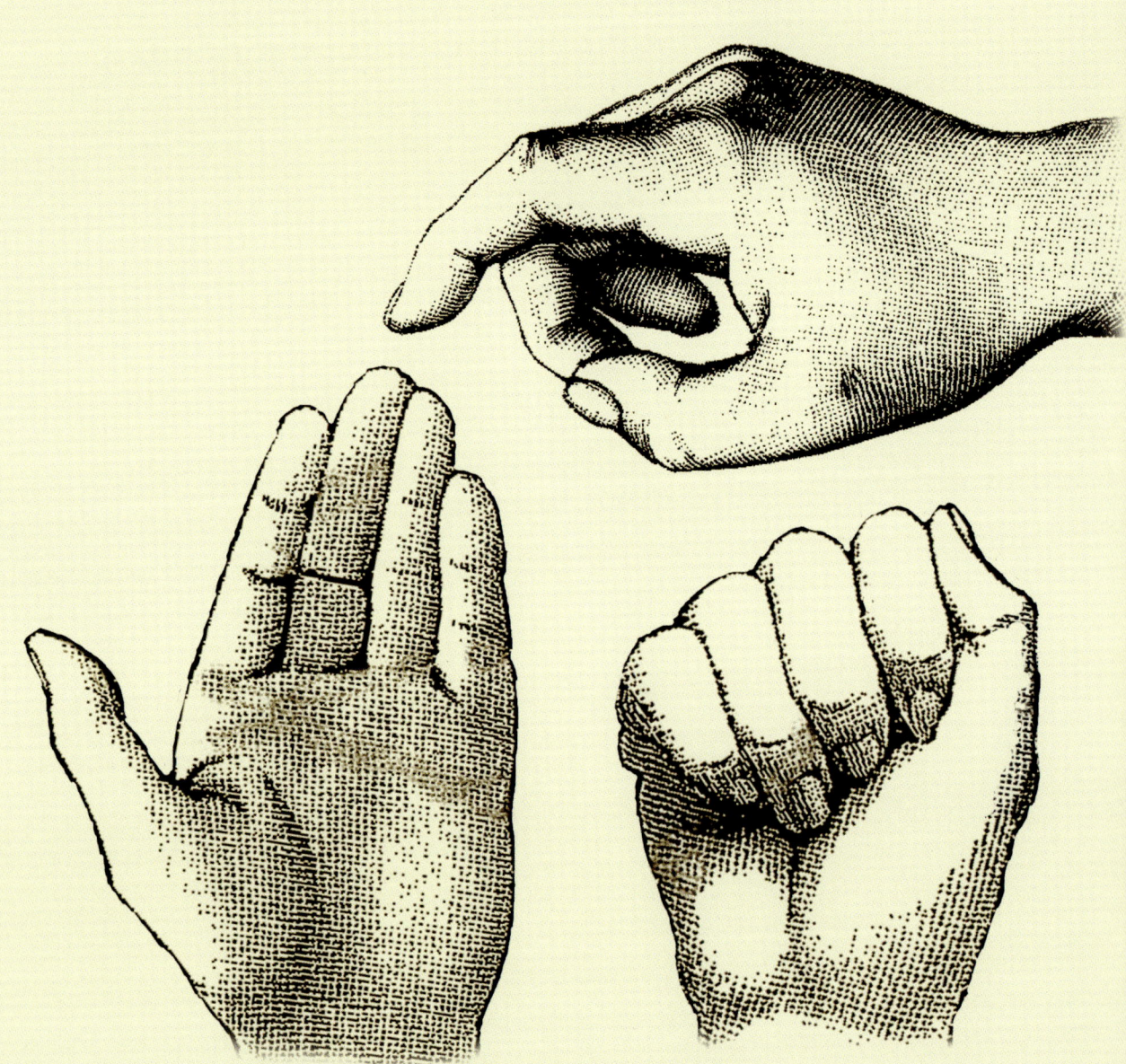

MATHE
IN 30 SEKUNDEN

Die wichtigsten Erkenntnisse
und Theorien aus der Welt der
Mathematik

Herausgegeben von
Richard Brown

Mit Beiträgen von
Richard Brown
Richard Elwes
Robert Fathauer
John Haigh
David Perry
Jamie Pommersheim

Librero

Die englische Originalausgabe erschien 2012 unter dem Titel:
30-second Maths

© 2025 Librero IBP (für die deutsche Ausgabe)
www.librero-ibp.com

Ursprünglich 2012 herausgegeben von Ivy Press Limited,
einem Imprint von The Quarto Group

© 2012 Quarto Publishing plc

Konzeption: Peter Bridgewater
Herausgeber: Jason Hook
Artdirektor: Michael Whitehead
Gestaltung: Ginny Zeal
Illustrationen: Ivan Hissey
Texte Profile: Viv Croot
Texte Glossare: Steve Luck
Lektorat: Jamie Pumfrey

Übersetzung aus dem Englischen: Klaus Kramp, Köln
Satz der deutschsprachigen Ausgabe: Ute Conin, Köln

Printed in China

ISBN 978-90-8998-594-1

INHALT

EINFÜHRUNG
Richard Brown

Es heißt, die Mathematik sei die Kunst der reinen Vernunft. Sie ist die zugrunde liegende logische Struktur all dessen, was in unserer Wirklichkeit existiert, aber auch all dessen, was nichtexistent ist. Die einfachen Rechenoperationen, mit denen wir unsere Bankkonten ausgleichen und die alltäglichen Dinge berechnen können, sind weit entfernt von der Mathematik, die uns hilft, alles, was wir uns auch nur vorzustellen vermögen, zu ordnen und zu verstehen. Wie in der Musik, der Kunst und der Sprache ermöglichen uns die zentralen Symbole und Ideen der Mathematik, von denen viele in diesem Buch beschrieben und erläutert werden, uns auf unglaublich komplexe Art auszudrücken und unvorstellbar komplizierte und wundervolle Strukturen zu definieren. Der praktische Nutzen der Mathematik ist allseits bekannt, was sie allerdings so magisch macht, ist ihre Eleganz und ihre Schönheit jenseits irgendwelcher tatsächlichen Anwendungen. Wir verleihen den mathematischen Theorien nur deshalb Bedeutung, weil sie sinnvoll sind und uns dabei unterstützen, unser Dasein zu ordnen. Jenseits der Bedeutung, die wir diesen mathematischen Elementen geben, existieren sie jedoch nicht wirklich, sondern ausschließlich in unserer Vorstellung.

Die Natur- und Sozialwissenschaften benutzen die Mathematik, um ihre Theorien zu beschreiben und ihren Modellen Strukturen zu unterlegen, und die Arithmetik und die Algebra ermöglichen es uns, unsere Geschäfte auszuführen und zu lernen, wie man denkt. Die wahre Natur der Mathematik liegt allerdings jenseits solch praktischer Anwendungen, bildet sie doch nicht nur den Rahmen, sondern auch das Regelwerk für das gesamte System strukturierten Denkens.

Dieser Text wirft einen Blick in die Welt des alltäglichen Lebens aus der Sicht eines Mathematikers. Es kommen darin einige der eher grundlegenden Elemente der heutigen Mathematik vor, Definitionen und ein wenig Geschichte, aber es wird auch Einblick gewährt in viele

Elegante Geometrie
*Mathematiker „sehen" mathematische
Objekte oft wie Gleichungen, die sich
der Geometrie bedienen. Dies ist ein
visueller Beweis des berühmten Satzes
$a^2 + b^2 = c^2$ von Pythagoras.*

bedeutende mathematische Theorien. Dieses Buch enthält fünfzig Einträge, die sich jeweils einem wichtigen Thema aus der Mathematik widmen. Die Beiträge sind in sieben Kategorien unterteilt, um sie jeweils in einen gewissen Zusammenhang zu stellen. Im Kapitel **Zahlen & Zählen** werden die elementaren Bausteine untersucht, mit deren Hilfe wir Dinge zählen können. Die darauf folgenden Texte in **Verknüpfungen von Zahlen** befassen sich mit Rechenoperationen und Strukturen von Zahlen. **Dem Zufall (k)eine Chance** setzt sich mit Theorien und den daraus sich ergebenden Folgerungen auseinander, wenn die Mathematik angewandt wird, um Zufallsereignisse besser zu verstehen. Daran anschließend werden in **Algebra & Abstraktion** die tieferen, komplexeren Strukturen von Zahlen beschrieben. An dieser Stelle beginnt der Weg in den Bereich der höheren Mathematik. Zunächst wird der eher visuelle Aspekt mathematischer Beziehungen in **Geometrie & Formen** erkundet. Da mathematische Abstraktion reine Vorstellungskraft ist, führt der Pfad in **Eine andere Dimension**, zu dem, was außerhalb unserer drei Dimensionen geschieht. Abschließend werden in **Beweise & Lehrsätze** die eher tiefgreifenden Ideen und Fakten erläutert, zu denen uns unser mathematischer Pfad hat gelangen lassen.

Jeder einzelne Eintrag richtet den Fokus kurz auf eine der eher eleganten und wichtigen Ideen, die in der heutigen Mathematik von zentralem Belang sind. Jedes Thema wird auf dieselbe Weise vorgestellt, und die gewählte Form ermöglicht eine angemessene Einführung in den jeweils behandelten Gegenstand. Der *3-Sekunden-Überblick* bietet eine Kurzfassung, während der Haupttext das Thema ausführlicher erörtert und eine *3-Minuten-Reflexion* zum Nachdenken über die tieferen Verbindungen zwischen der Idee und ihrer Bedeutung in der Welt anregt. Wir hoffen, dass all diese Elemente dazu beitragen können, Ihnen die Augen zu öffnen und Ihr Verständnis zu erweitern für das, worum es eigentlich in der Mathematik geht.

Wird das Buch als Nachschlagewerk eingesetzt, dann findet man darin alle wesentlichen Informationen zu einigen der wegbereitenden mathematischen Theorien. Wer das Buch als Lektüre nutzen möchte, der kann eine andere Welt kennenlernen, die so reich und bedeutungsvoll ist wie die, in der er lebt – die Welt der Mathematik.

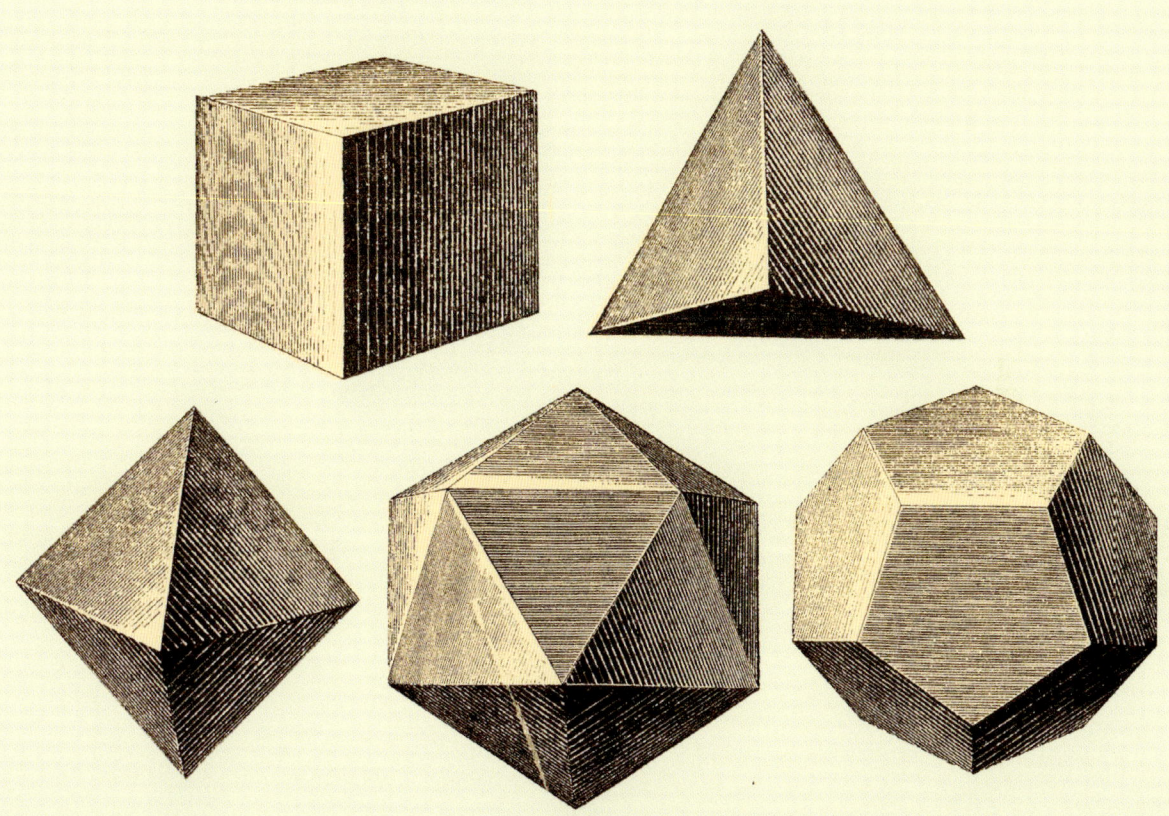

Dreidimensionale Schönheit

*Es gibt nur fünf Möglichkeiten, einen
dreidimensionalen Körper mithilfe regelmäßiger
Vielecke zu konstruieren. Warum das so ist,
kann man leicht erkennen. Aber macht das die
Objekte zu etwas Besonderem? Mathematiker
sind fest davon überzeugt.*

ZAHLEN & ZÄHLEN

ZAHLEN & ZÄHLEN
GLOSSAR

Algebra Eines der grundlegenden Teilgebiete der reinen Mathematik, das Verknüpfungen und Beziehungen zwischen Zahlen untersucht. Die elementare Algebra befasst sich unter anderem mit den Rechenoperationen bei Ausdrücken, die Variablen enthalten. Die abstrakte Algebra beschäftigt sich unter anderem auch mit diesen Verknüpfungen und Beziehungen, allerdings bei anderen mathematischen Objekten und Konstruktionen als Zahlen.

Algebraische Zahl Jede Zahl, die die Nullstelle eines von Null verschiedenen Polynoms ist, das ganzzahlige Koeffizienten besitzt. Anders ausgedrückt, sind algebraische Zahlen Lösungen polynomialer Gleichungen (siehe Seite 80), wie z. B. $x^2 - 2 = 0$, wobei $x = \sqrt{2}$. Alle rationalen Zahlen sind algebraisch, irrationale Zahlen jedoch können algebraisch sein, müssen es aber nicht. Eine der bekanntesten algebraischen Zahlen ist die des Goldenen Schnitts (1,6180339...), die üblicherweise als ϕ geschrieben wird.

Binärsystem (Basis 2) Ein Zahlensystem, in dem nur die Ziffern 1 und 0 vorkommen. So wie es in unserem Dezimalsystem zur Basis 10 eine 1er-Stelle ($10^0 = 1$), eine 10er-Stelle (10^1), eine 100er-Stelle (10^2) und so weiter gibt, so besitzt das binäre System eine 1er-Stelle (2^0), eine 2er-Stelle (2^1), eine 4er-Stelle (2^2) und so weiter. Die Zahl 7 beispielsweise wird im Binärsystem als 111 geschrieben, was $1 \times 1 + 1 \times 2 + 1 \times 4$ darstellt.

Bruchzahl (Bruch) Jede Zahl, die Teil eines Ganzen darstellt. Die bekanntesten Brüche sind die gemeinen oder gewöhnlichen Brüche, bei denen die untere Zahl, der Nenner, eine von null verschiedene ganze Zahl ist, die angibt, wie viele Teile ein Ganzes bilden, während die obere Zahl, der Zähler, die Anzahl gleicher Teile des Ganzen bezeichnet. Echte Brüche haben einen Wert kleiner als 1, z. B. $^2/_3$, während der Wert unechter Brüche größer als 1 ist, z. B. $^3/_2$ oder $^{11}/_3$.

Faktor Eine von zwei oder mehr Zahlen, die eine dritte Zahl genau teilt. 3 und 4 sind z. B. Faktoren von 12, aber auch 1, 2, 6 und 12.

Figurierte Zahl Jede Zahl, die als regelmäßige geometrische Figur dargestellt werden kann, etwa als Dreieck, Quadrat oder Sechseck.

Ganze Zahl Jede natürliche Zahl (die Zählzahlen 1, 2, 3, 4, 5 und so weiter), die Zahl 0 und die negativen natürlichen Zahlen.

Imaginäre Zahl Eine Zahl, deren Quadrat einen negativen Wert hat. Da das Quadrat jeder reellen Zahl nicht negativ sein kann, haben Mathematiker die Idee der imaginären Einheit i entwickelt, sodass $i \times i = -1$ ergibt, oder anders betrachtet, $i = \sqrt{-1}$ ist. Eine imaginäre Einheit, die $\sqrt{-1}$ darstellt, ermöglicht es, eine Reihe von Gleichungen zu lösen, die ansonsten nicht lösbar wären; sie wird in ganz unterschiedlichen Bereichen praktisch angewendet.

Koeffizient Eine Zahl, die benutzt wird, um eine Variable zu multiplizieren; im Ausdruck $4x = 8$ ist 4 der Koeffizient, x die Variable. Obwohl üblicherweise Zahlen als Koeffizienten verwendet werden, können aber auch Symbole wie a an ihre Stelle gesetzt werden. Koeffizienten ohne Variable nennt man konstante Koeffizienten oder konstante Terme.

Komplexe Zahl Jede Zahl, die Teile einer reellen und einer imaginären Zahl besitzt, wie z.B. $a + bi$, wobei a und b reelle Zahlen sind und i gleich $\sqrt{-1}$ ist. Siehe auch *Imaginäre Zahl*.

Natürliche Zahl Manchmal auch als Zählzahl bezeichnet; eine natürliche Zahl ist jede positive ganze Zahl auf einer Zahlengeraden. Die Meinungen sind geteilt, ob die Zahl 0 eine natürliche Zahl ist.

Polynom Ein Ausdruck, der Zahlen und Variablen benutzt und nur die Operationen von Addition, Multiplikation und positiven ganzzahligen Exponenten, z.B. x^2, zulässt. (Siehe auch *Polynomiale Gleichungen*, Seite 80.)

Rationale Zahl Jede Zahl, die als ein Bruch ganzer Zahlen geschrieben werden kann einschließlich der positiven und negativen ganzen Zahlen und der periodischen oder abbrechenden Dezimalzahlen.

Reelle Zahl Jede Zahl, die eine Größe auf einer Zahlengeraden ausdrückt. Die reellen Zahlen enthalten alle rationalen und irrationalen Zahlen.

Transzendente Zahl Jede Zahl, die nicht als Nullstelle eines von Null verschiedenen Polynoms ausgedrückt werden kann, das ganzzahlige Koeffizienten besitzt, mit anderen Worten nicht-algebraische Zahlen. π ist die bekannteste transzendente Zahl, und daher kann π gemäß der Anfangsdefinition nicht die Gleichung $\pi^2 = 10$ erfüllen. Die meisten reellen Zahlen sind transzendent.

Zahlengerade Die Veranschaulichung aller reellen Zahlen als Punkte auf einer Geraden, die von der Zahl Null geteilt wird und von der nach links alle negativen Werte unendlich fortlaufen und nach rechts alle positiven Werte. Die meisten Zahlengeraden haben gleichmäßige Abstände zwischen den positiven und negativen ganzen Zahlen.

BRÜCHE & DEZIMAHLZAHLEN

Mathe in 30 Sekunden

SIEHE AUCH
RATIONALE & IRRATIONALE
ZAHLEN
Seite 16

ZAHLENSYSTEME
Seite 20

DIE NULL
Seite 36

3-SEKUNDEN-BIOGRAFIEN
ABU ABDULLAH MUHAMMAD
IBN MUSA AL-KHWARIZMI
um 780 – um 850

ABU'L HASAN AHMAD IBN
IBRAHIM AL-UQLIDISI
um 920 – um 980

IBN YAHYA AL-MAGHRIBI
AL-SAMAWAL
um 1130 – um 1180

LEONARDO VON PISA
(FIBONACCI)
um 1170 – um 1250

3-SEKUNDEN-ÜBERBLICK
Der Ausgangspunkt in der Mathematik ist das System der natürlichen Zahlen, 0, 1, 2, 3 … Viele Dinge fallen jedoch zwischen die Lücken, lassen sich aber dennoch auf zwei Arten messen.

3-MINUTEN-REFLEXION
Die Umwandlung von Brüchen in Dezimalzahlen und umgekehrt ist nicht immer einfach. Es ist leicht, 0,25, 0,5 und 0,75 als $\frac{1}{4}$, $\frac{1}{2}$ und $\frac{3}{4}$ zu erkennen. Die Dezimaldarstellung von $\frac{1}{3}$ ist 0,333333 …, wobei die Abfolge der Ziffer 3 niemals endet, und die von $\frac{1}{7}$ ist 0,142857142857142857 … mit einem unendlichen, sich wiederholenden Muster. Es zeigt sich, dass alle Bruchzahlen in der Dezimaldarstellung sich wiederholende Muster haben, aber Zahlen, die nicht als Bruch ausgedrückt werden können, wie etwa π, keine sich wiederholenden Ziffernabfolgen in der Dezimalschreibweise aufweisen. Dies sind die irrationalen reellen Zahlen.

Die natürlichen Zahlen, 0, 1, 2, 3 …, bilden das Urgestein der Mathematik und sind seit Jahrtausenden von Menschen benutzt worden. Allerdings lässt sich nicht alles mit natürlichen Zahlen messen. Wenn 15 Hektar Land auf 7 Bauern verteilt werden soll, erhält jeder $\frac{15}{7}$ (oder $2\frac{1}{7}$) Hektar. Die einfachsten Zahlen, die nicht natürliche Zahlen sind, können in Form eines Bruchs wie dem genannten ausgedrückt werden. Für andere Zahlen, etwa π, ist diese Darstellung jedoch schwierig oder unmöglich. Mit der Entwicklung der Wissenschaft entstand die Notwendigkeit, Mengen wesentlich genauer zu unterteilen. Die Einführung des Dezimalsystems lieferte dafür eine effiziente auf Stellen beruhende Methode, die hindu-arabische Ziffern verwendet. Die Zahl 725 hat drei Stellen und steht für 7 Hunderter, 2 Zehner und 5 Einer. Wenn man hinter den Einern ein Dezimalkomma setzt und dann rechts davon weitere Stellen ergänzt, lässt sich dieser Ansatz leicht auch auf Zahlen kleiner als Eins übertragen. Die Zahl 725,43 steht für 7 Hunderter, 2 Zehner, 5 Einer, 4 Zehntel (eines Ganzen) und 3 Hundertstel. Fügt man links und rechts vom Dezimalkomma noch mehr Stellen hinzu, dann lassen sich große ebenso wie kleine Zahlen so genau wie erforderlich schreiben. Jede Zahl zwischen den natürlichen Zahlen kann als Dezimalzahl dargestellt werden (nicht jede aber als Bruch), und so erhalten wir die Menge der reellen Zahlen.

30-SEKUNDEN-TEXT
Richard Elwes

Die natürlichen Zahlen lassen sich auch in Brüche unterteilen, aber in der Dezimaldarstellung können Brüche noch genauer ausgedrückt werden.

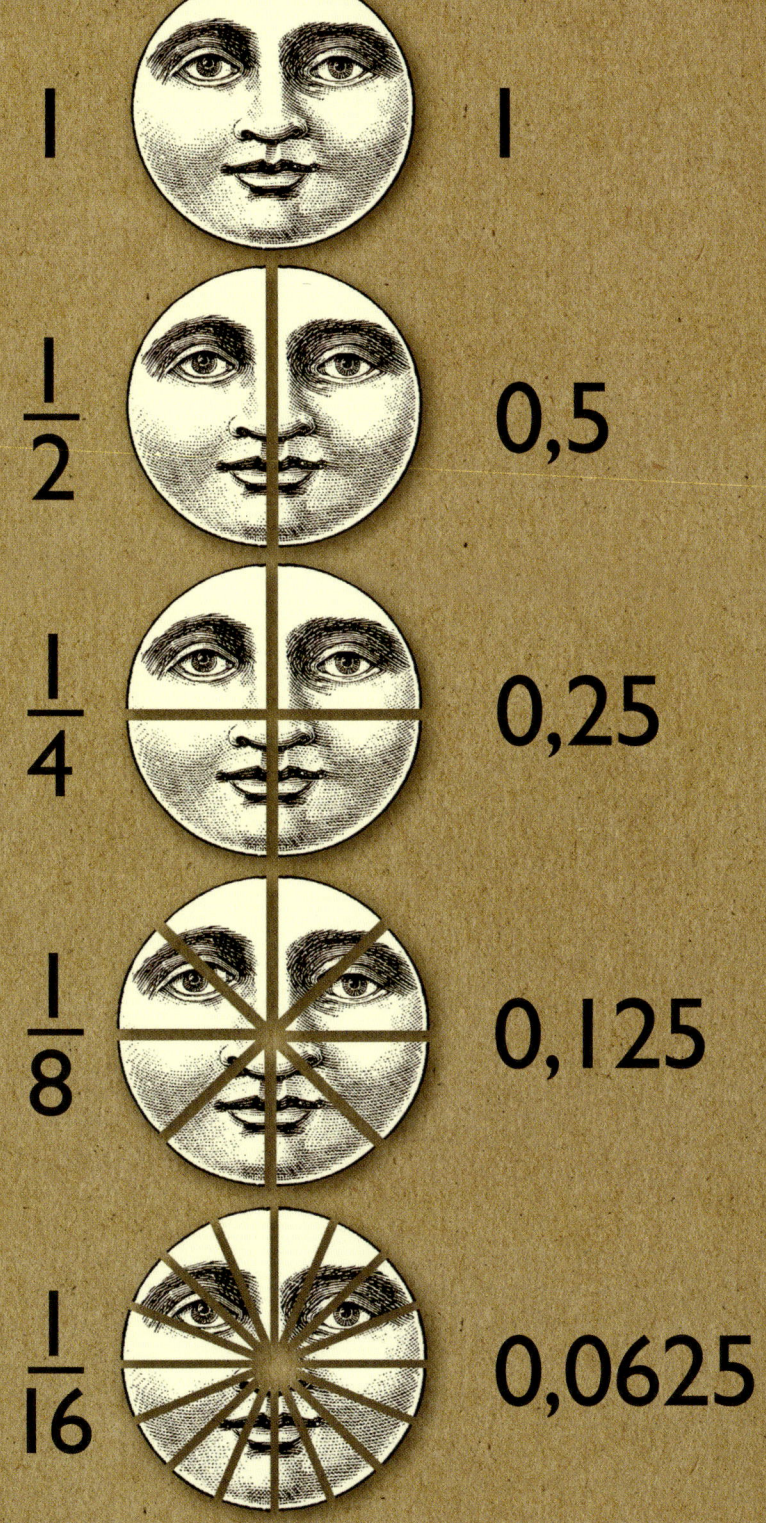

1 1

$\dfrac{1}{2}$ $0,5$

$\dfrac{1}{4}$ $0,25$

$\dfrac{1}{8}$ $0,125$

$\dfrac{1}{16}$ $0,0625$

RATIONALE & IRRATIONALE ZAHLEN

Mathe in 30 Sekunden

3-SEKUNDEN-ÜBERBLICK
Reelle Zahlen – die Zahlen, die benutzt werden, um Mengen auszudrücken, und die in Dezimalschreibweise darstellbar sind – sind entweder rational oder irrational. Einige irrationale Zahlen aber haben ungewöhnlichere Eigenschaften als andere.

3-MINUTEN-REFLEXION
Die Philosophen der griechischen Antike nahmen an, dass sich alle messbaren Dinge als Verhältnis natürlicher Zahlen ausdrücken lassen würden. Einer Anekdote zufolge sollen die Pythagoreer über die Entdeckung, dass √2 irrational ist, so bestürzt gewesen sein, dass Hippasos von Metapont ermordet wurde, um diese Wahrheit nicht an die Öffentlichkeit dringen zu lassen. Eine Zahl wie π ist vielleicht eher intuitiv irrational, aber es gelang erst vor 250 Jahren, den entsprechenden Beweis zu führen, und noch einmal weitere einhundert Jahre sollten vergehen, ehe bewiesen wurde, dass π zudem transzendent ist.

Reelle Zahlen bestehen aus positiven Zahlen, negativen Zahlen und der Zahl 0, und diese Werte lassen sich auf unterschiedliche Weise klassifizieren. Die einfachste Art einer solchen Einordnung ist es, zwischen reellen Zahlen zu unterscheiden, die als Bruch zweier ganzer Zahlen ausgedrückt werden können, wie etwa ½ oder − ⁷⁄₃ (rationale Zahlen), und solchen, bei denen dies nicht möglich ist (irrationale Zahlen). Die griechischen Mathematiker der Antike glaubten, alle Zahlen seien rationale Zahlen, bis ein Schüler von Pythagoras bewies, dass √2 nicht rational ist. Ob eine Zahl rational oder irrational ist, kann man an ihrer Dezimaldarstellung erkennen – wenn sich die Ziffern der Nachkommastellen letztlich wiederholen, ist die Zahl rational (z. B. ³⁄₁₁ = 0,272727 …). Irrationale Zahlen dagegen weisen in Dezimalschreibweise keine Ziffern auf, die sich wiederholen (z. B. π = 3,14159265 …). Aber, da ist noch etwas Weiteres. Rationale Zahlen und viele irrationale Zahlen haben etwas gemeinsam, sie sind nämlich algebraisch, das heißt, dass sie Lösungen für polynomiale Gleichungen mit ganzzahligen Koeffizienten sind, zum Beispiel ist √2 die Lösung für die Gleichung $x^2 − 2 = 0$ (siehe *Polynomiale Gleichungen*, Seite 80). Allerdings sind wesentlich mehr irrationale Zahlen nicht algebraisch, und π ist dafür ein Beispiel. Zahlen, die nicht algebraisch sind, werden transzendent genannt, und nur irrationale Zahlen können transzendent sein.

SIEHE AUCH
BRÜCHE & DEZIMALZAHLEN
Seite 14

EXPONENTEN & LOGARITHMEN
Seite 44

POLYNOMIALE GLEICHUNGEN
Seite 80

π – DIE KREISZAHL
Seite 96

PYTHAGORAS
Seite 100

3-SEKUNDEN-BIOGRAFIEN
HIPPASOS VON METAPONT
aktiv im 5. Jh. v. Chr.

JOHANN LAMBERT
1728 – 1777

CHARLES HERMITE
1822 – 1901

FERDINAND VON LINDEMANN
1852 – 1939

30-SEKUNDEN-TEXT
David Perry

Bleiben Sie rational – Zahlen sind rational, wenn sie als Bruch geschrieben werden können, andernfalls sind sie irrational.

IMAGINÄRE ZAHLEN

Mathe in 30 Sekunden

3-SEKUNDEN-ÜBERBLICK
Mathematiker von heute arbeiten mit einem erweiterten Zahlensystem, das eine neue „imaginäre" Zahl i einschließt, die Quadratwurzel aus -1.

3-MINUTEN-REFLEXION
Die komplexen Zahlen ermöglichen Lösungen für Gleichungen wie $x \times x = -1$. Man könnte nun beispielsweise weiterfragen, ob es auch Lösungen für $x \times x = i$ gibt oder ob wir das Zahlensystem ein weiteres Mal erweitern müssen. Wie sich aber zeigt, enthalten die komplexen Zahlen Lösungen für alle nur erdenklichen polynomialen Gleichungen und das bedeutet, dass sie alles sind, was wir jemals brauchen werden. Diese wundervolle Tatsache ist bekannt als Fundamentalsatz der Algebra.

Im Laufe der Zeit haben Mathematiker das Zahlensystem mehrmals vergrößert. Eine frühe Erweiterung war die Einbeziehung der negativen Zahlen. Wenn beispielsweise im Geschäftsleben $+4$ einen Gewinn von 4 Einheiten bezeichnet, dann steht -4 für einen Verlust von 4 Einheiten. Rechenoperationen mit negativen Zahlen besitzen eine erstaunliche Eigenschaft. Multipliziert man eine positive Zahl mit einer negativen, dann ist das Ergebnis negativ, wie zum Beispiel in $-4 \times 3 = -12$. Multipliziert man nun aber eine negative Zahl mit einer anderen negativen Zahl, so ist das Ergebnis positiv, wie in $-4 \times -3 = 12$. Es gab also keine Zahl (weder positiv noch negativ), die mit sich selbst multipliziert zu einem negativen Ergebnis führte. Das bedeutete, dass einige einfache Gleichungen, wie $x^2 = -1$, niemals lösbar waren und das verhinderte, anspruchsvollere Gleichungen zu lösen, selbst dann, wenn eine Lösung existierte. Dies wurde korrigiert mithilfe einer neuen „imaginären" Zahl i, die als Quadratwurzel aus -1 definiert wurde, das heißt, dass $i \times i = -1$ ergibt. Anfangs war dies ein „Trick", um Berechnungen durchführen zu können, und zunächst war die Idee heftig umstritten, was sich allein schon darin äußert, dass Descartes dafür den abwertend gemeinten Begriff „imaginär" prägte. Mit der Zeit wurde diese Zahl jedoch genauso akzeptiert wie alle anderen Arten von Zahlen auch. Das Zahlensystem, das Mathematiker heute bevorzugen, wird „komplexe Zahlen" genannt, die aus Termen wie $2 + 3i$, oder $\frac{1}{2} - \frac{1}{4}i$ bestehen, oder allgemeiner ausgedrückt, aus $a + bi$, wobei a und b „reelle" Zahlen (das heißt, Dezimalzahlen) sind.

SIEHE AUCH
BRÜCHE & DEZIMALZAHLEN
Seite 14

POLYNOMIALE GLEICHUNGEN
Seite 80

DIE RIEMANNSCHE VERMUTUNG
Seite 150

3-SEKUNDEN-BIOGRAFIEN
NICCOLÒ FONTANA („TARTAGLIA")
1500 – 1557

GEROLAMO CARDANO
1501 – 1576

RAFAEL BOMBELLI
1526 – 1572

CARL FRIEDRICH GAUSS
1777 – 1855

AUGUSTIN-LOUIS CAUCHY
1789 – 1857

30-SEKUNDEN-TEXT
Richard Elwes

Positive und negative ganze Zahlen reichten einigen Mathematikern nicht aus – sie brauchten auch noch imaginäre Zahlen.

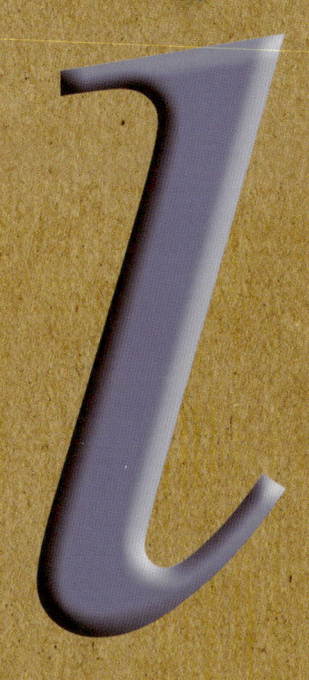

ZAHLENSYSTEME

Mathe in 30 Sekunden

SIEHE AUCH
DIE NULL
Seite 36

3-SEKUNDEN-BIOGRAFIEN
GOTTFRIED LEIBNIZ
1646 – 1716

GEORGE BOOLE
1815 – 1864

30-SEKUNDEN-TEXT
Richard Brown

3-SEKUNDEN-ÜBERBLICK
Eine Basis gibt die Anzahl der Ziffern an, die ein Zahlensystem benutzt, um Zahlenwerte darzustellen.

3-MINUTEN-REFLEXION
Die Maya in Mittelamerika benutzten ebenfalls die Zahl 20 als Basis in ihrem Zahlensystem, das unter anderem für die Darstellung von Kalenderdaten verwendet wurde, korrigierten dafür aber die dritte Stelle von normalerweise 400 (20 × 20) auf 360 (18 × 20), um vermutlich annähernd die Anzahl an Tagen eines Jahres wiedergeben zu können. Wenn wir das Dezimalsystem zur Basis 10 vor allem deshalb bevorzugen, weil wir unsere Finger gut zum Rechnen gebrauchen können, dann erkannten die Maya darüber hinaus noch den zusätzlichen Wert der Zehen in ihren offenen Schuhen für dieses Unterfangen.

Wenn wir Zahlen über neun hinaus zählen, dann sind wir es gewohnt, eine „1" in die nächst höhere Stelle zu setzen und die Symbole erneut zu verwenden. Das liegt daran, dass wir das Dezimalsystem zur Basis 10 benutzen. Allerdings war das Dezimalsystem nicht immer das bevorzugte System. Die Babylonier setzten zum Zählen das Sexagesimalsystem zur Basis 60 ein. Statt bei neun anzuhalten und dann in die nächst höhere Stelle zu springen, stoppten die Babylonier erst bei 59. Heute erinnern die 60 Minuten einer Stunde oder die 360° des Kreises noch an dieses System. Hinweise auf den Gebrauch des Duodezimalsystems (Basis 12) liefern Begriffe wie ein Dutzend (12 Stück) oder ein Gros (12 Dutzend). Das Vigesimalsystem (Basis 20) war im Mittelalter in einigen europäischen Ländern verbreitet. (Abraham Lincolns berühmte Rede, die „Gettysburg Address", beginnt mit den Worten: „4 score and 7 years ago"; „score" steht hier für 20, gemeint sind also 87 Jahre.) Moderne Computer arbeiten im Binär- oder Dualsystem zur Basis 2, in dem nur die Ziffern 1 und 0 vorkommen. Es war relativ leicht, schon früh ein System zu entwickeln, das nur zwei sich gegenseitig ausschließende Zustände benötigt, so wie es bei einem offenen oder geschlossenen Stromkreis der Fall ist. Die Addition und Multiplikation sind für jede Zahlenbasis klar definiert und so lassen sich Rechenoperationen ausführen. Probieren Sie dies einmal aus, wenn Sie demnächst jemand nach dem Wert von 1 plus 1 fragt, der ganz eindeutig 10 beträgt (beim Addieren im Binärsystem).

Das am häufigsten benutzte Zahlensystem ist das Dezimalsystem zur Basis 10 – die Babylonier allerdings dachten mit ihren 60 Ziffern im großen Maßstab. Der Binärcode hingegen hält es mit seinen bloß zwei Ziffern einfach.

PRIMZAHLEN

Mathe in 30 Sekunden

Die meisten natürlichen Zahlen lassen sich in kleinere Teile zerlegen, so wie im Beispiel $100 = 4 \times 25$. Wahr ist aber auch, dass $100 = 20 \times 5$ ist. Wenn wir beide Darstellungen erneut betrachten und die Faktoren in noch kleinere Faktoren herunterbrechen, dann gelangen wir schließlich zur Primfaktorzerlegung von 100: $100 = 2 \times 2 \times 5 \times 5$. Diese Faktoren können nicht weiter zerlegt werden – sie sind prim, das heißt, teilbar nur durch 1 und sich selbst. Als Mathematiker damit begannen, die Primzahlen aufzulisten, suchten sie nach einem Muster, das sie allerdings nicht entdecken konnten. Sie warfen die Frage auf, ob die Aufstellung begrenzt war oder aber ob sich immer neue und stets größere Primzahlen auftun würden. Euklid formulierte einen eleganten Beweis in seinen *Elementen*, dass es unendlich viele Primzahlen gibt. 17.463.991.229 ist eine große Primzahl. Aber woher wissen wir, dass sie prim ist? Wir könnten versuchen, diese ganze Zahl durch alle kleineren ganzen Zahlen zu teilen, und wenn wir dann keine anderen Faktoren als 1 finden, sie schließlich als prim einstufen. Dies ist jedoch langsam, aber es existieren ja bessere Verfahren. Die größten bekannten Primzahlen haben mehr als 10.000.000 Ziffern, und es bedarf ausgeklügelter Methoden, um sie überhaupt als solche herzustellen. Die Suche nach großen Primzahlen mag durchaus etwas Unseriöses an sich haben, aber mithilfe einer revolutionären Idee in den 1970er-Jahren wurde eine Technik geschaffen, die sichere Nachrichtenwege durch die Verwendung eines Systems gewährleisten sollte, das die Erzeugung großer Primzahlen erforderlich macht. Diese Technik durchzieht mittlerweile das Internet und ermöglicht uns ein sicheres Onlineshopping.

SIEHE AUCH
DIE ZAHLENTHEORIE
Seite 30

EUKLIDS ELEMENTE
Seite 94

3-SEKUNDEN-BIOGRAFIEN
EUKLID
um 300 v. Chr.

CARL FRIEDRICH GAUSS
1777 – 1855

JACQUES HADAMARD
1865 – 1963

CHARLES JEAN
DE LA VALLÉE-POUSSIN
1866 – 1962

30-SEKUNDEN-TEXT
David Perry

Primzahlen, die nur durch 1 und sich selbst teilbar sind, haben Mathematiker jahrhundertelang fasziniert. Das Auffinden großer Primzahlen wird mittlerweile auch zum Zweck praktischer Anwendungen durchgeführt.

1	2	3	4	5	6	7	8	9	10
11	12	13	14	15	16	17	18	19	20
21	22	23	24	25	26	27	28	29	30
31	32	33	34	35	36	37	38	39	40
41	42	43	44	45	46	47	48	49	50
51	52	53	54	55	56	57	58	59	60
61	62	63	64	65	66	67	68	69	70
71	72	73	74	75	76	77	78	79	80
81	82	83	84	85	86	87	88	89	90
91	92	93	94	95	96	97	98	99	100

FIBONACCI-ZAHLEN

Mathe in 30 Sekunden

SIEHE AUCH
DIE ZAHLENTHEORIE
Seite 30
DER GOLDENE SCHNITT
Seite 98

3-SEKUNDEN-ÜBERBLICK
Eine einfache Regel, nämlich durch die Addition zweier vorhergehender Terme den nächsten Term zu bilden, erzeugt eine der Lieblingszahlenfolgen von Mutter Natur.

3-MINUTEN-REFLEXION
1202 stellte Leonardo von Pisa in seinem Buch *Liber Abaci* (Das Buch vom Abakus) eine Aufgabe zur Fortpflanzung von Kaninchen. Er legte vielleicht etwas unrealistisch fest, dass jedes geschlechtsreife Kaninchenpaar jeden Monat ein Paar Kaninchen wirft, das nach einem Monat dann selbst geschlechtsreif wird. Wenn man mit einem einzigen neugeborenen Paar im Januar beginnt, dann wächst die Gesamtpopulation im Dezember auf 144 Kaninchen an!

In der Fibonacci-Folge 1, 1, 2, 3, 5, 8, 13, 21, 34, 55, 89, 144, 233, ... ist jeder Term die Summe der vorhergehenden zwei Terme. Die Folge, die sich daraus ergibt, spielt eine besondere Rolle in der Zahlentheorie und besitzt viele merkwürdige Zahleneigenschaften. Wenn man die Terme in der Fibonacci-Folge bis zu einem gewissen Punkt addiert, ist die Summe daraus immer eins weniger als eine Fibonacci-Zahl, so ist $1 + 1 + 2 + 3 + 5 + 8$ beispielsweise eins weniger als die Fibonacci-Zahl 21. Addiert man die Quadrate dieser Zahlen, dann erhält man immer ein Produkt zweier Fibonacci-Zahlen: $1 + 1 + 4 + 9 + 25 + 64 = 8 \times 13$. Die Quotienten von 1:1, 2:1, 3:2, 5:3, 8:5 ... nähern sich dem Goldenen Schnitt $\phi = 1,618$. Quadrate, deren Seitenlängen Fibonacci-Zahlen sind, fügen sich wundervoll aneinander, um eine Goldene Spirale zu bilden. Lange bevor Menschen von diesen Mustern fasziniert waren, hatten Pflanzen bereits die Ökonomie der Fibonacci-Zahlen entdeckt. Die Blätter oder Blütenstände vieler Pflanzen mit einer Spiralstruktur, wie beispielsweise die Ananas, die Sonnenblume oder die Artischocke, weisen ein Paar benachbarter Fibonacci-Zahlen auf. Wenn man eine Ananas untersucht, dann findet man 8 Reihen, die sich spiralförmig in die eine Richtung, und 13 Reihen, die sich genau in die andere Richtung drehen. Im Tierreich entspricht die Anzahl an Vorfahren einer Honigbiene in jeder Generation einer Fibonacci-Zahl.

3-SEKUNDEN-BIOGRAFIE
LEONARDO VON PISA
(FIBONACCI)
um 1175 – um 1250

30-SEKUNDEN-TEXT
Jamie Pommersheim

Fibonacci-Zahlen treten im Stammbaum einer Honigbiene zutage. Jede männliche Biene (Drohne) hat einen weiblichen Elternteil, während jede weibliche Biene zwei Elternteile besitzt, nämlich einen männlichen und einen weiblichen.

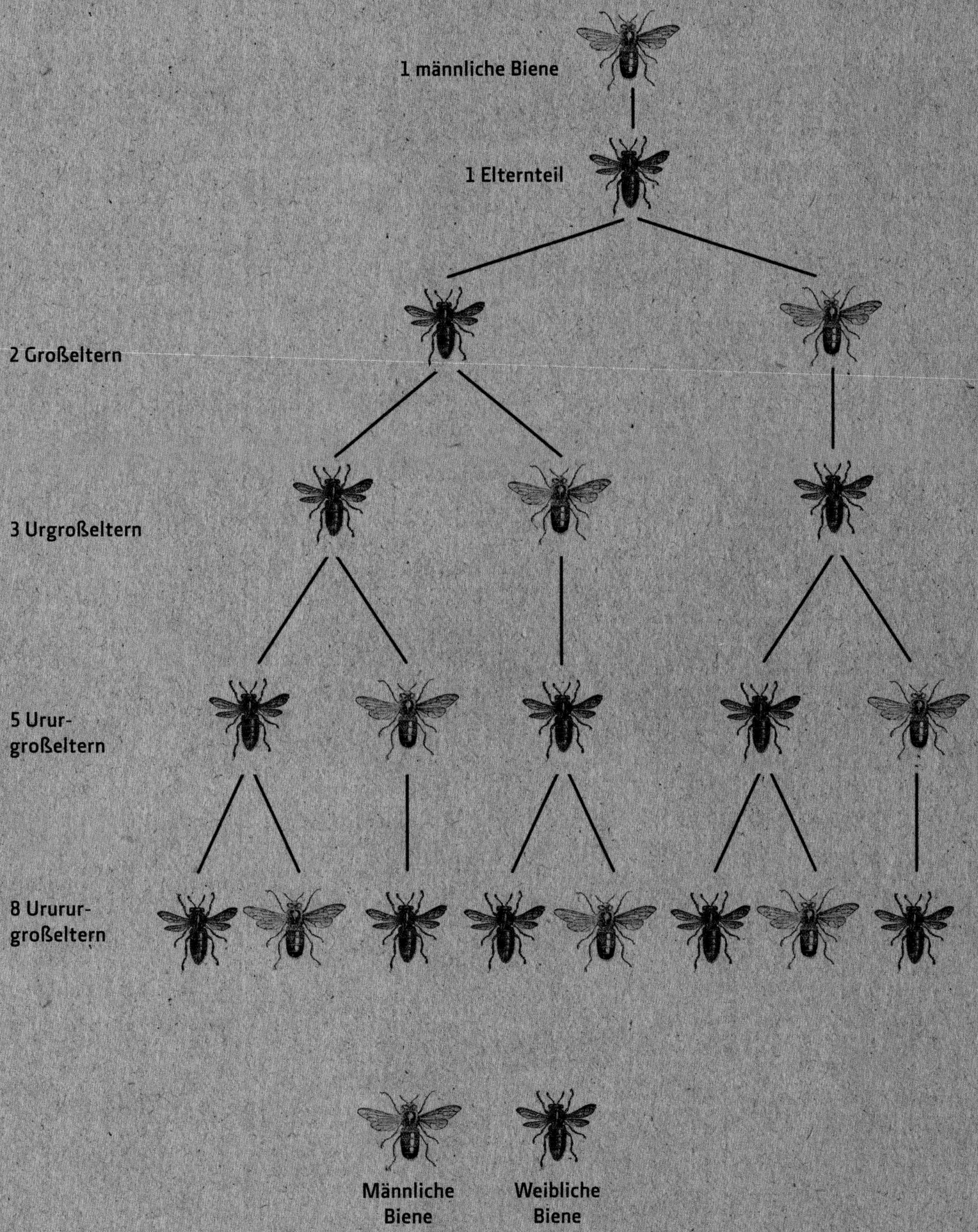

1 männliche Biene

1 Elternteil

2 Großeltern

3 Urgroßeltern

5 Urur-
großeltern

8 Ururur-
großeltern

Männliche
Biene

Weibliche
Biene

DAS PASCALSCHE DREIECK

Mathe in 30 Sekunden

Was kommt als Nächstes in dieser Folge: (1 1), (1 2 1), (1 3 3 1), (1 4 8 4 1), …? Diese Frage wirft ein wichtiges Problem in der Algebra auf, das als „Ausmultiplizieren von Klammern" bekannt ist. Man beginne mit dem Ausdruck $(1 + x)$ und multipliziere ihn mit sich selbst. Dies ergibt $(1 + x)^2 = 1 + 2x + 1x^2$. Das Multiplizieren von drei Klammern resultiert in $(1 + x)^3 = 1 + 3x + 3x^2 + 1x^3$. Bei vier Klammern erhält man $(1 + x)^4 = 1 + 4x + 6x^2 + 4x^3 + 1x^4$. Es ist nicht die Rechenoperation, die hier schwierig ist, sondern das Problem sind die Zahlen. Der nächste Ausdruck wird ungefähr folgendermaßen aussehen: $(1 + x)^5 = 1 + ?x + ?x^2 + ?x^3 + ?x^4 + 1x^5$. Welche Zahlen müssen hier eingesetzt werden? Blaise Pascal suchte einen Weg, um die Antwort schnell finden zu können, und tatsächlich entdeckte er ihn auch, und zwar innerhalb der Reihen seines berühmten Dreiecks. Es beginnt mit einer Eins, darunter befinden sich zwei weitere Einsen. Pascals entscheidende Erkenntnis war, dass sich dieser Prozess fortsetzen ließ, wenn jede Zahl durch Addieren der direkt darüber stehenden beiden Zahlen erzeugt wird. (Frühere Denker waren zu ähnlichen Schlussfolgerungen gelangt, der indische Mathematiker Pingala bereits eintausend Jahre vor Pascal.) Dieses Verfahren lässt sich einfach durchführen – ein bisschen Addition und keine komplizierten Rechenoperationen. Jede Reihe gibt dann die Antwort auf ein Problem beim Ausmultiplizieren von Klammern. Die Auflösung von $(1 + x)^5$ kann man in der sechsten Reihe finden, nämlich 1, 5, 10, 10, 5, 1.

3-SEKUNDEN-ÜBERBLICK
Blaise Pascals berühmtes Dreieck enthält nicht nur viele faszinierende Zahlenmuster, sondern ist auch ein wichtiges Hilfsmittel in der Algebra.

3-MINUTEN-REFLEXION
Das Pascalsche Dreieck weist viele erstaunliche Muster auf. Die erste Diagonale ist eine Reihe mit Einsen, während die zweite die Folge der natürlichen Zahlen 1, 2, 3, 4, … umfasst. Die dritte enthält die sogenannten Dreieckszahlen: 1, 3, 6, 10, 15, … Wenn man Bälle in Form eines Dreiecks anordnen will (etwa zu Beginn eines Spiels beim Poolbillard), dann sind das die Zahlen, die funktionieren. Etwas „versteckt" liegen im Pascalschen Dreieck auch die Zahlen der Fibonacci-Folge.

SIEHE AUCH
FIBONACCI-ZAHLEN
Seite 24

VARIABLEN (PLATZHALTER)
Seite 76

POLYNOMIALE GLEICHUNGEN
Seite 80

3-SEKUNDEN-BIOGRAFIEN
PINGALA
um 200 v. Chr.

ABU BAKR MUHAMMAD IBN AL-HUSAIN AL-KARADSCHI
um 953 – um 1029

YANG HUI
um 1238 – um 1298

BLAISE PASCAL
1623 – 1662

ISAAC NEWTON
1643 – 1727

30-SEKUNDEN-TEXT
Richard Elwes

Das Pascalsche Dreieck enthält zahlreiche mathematische Muster und bietet eine praktische Lösung für algebraische Probleme.

```
                        1
                     1     1
                  1     2     1
               1     3     3     1
            1     4     6     4     1
         1     5    10    10     5     1
      1     6    15    20    15     6     1
   1     7    21    35    35    21     7     1
1     8    28    56    70    56    28     8     1
1     9    36    84   126   126    84    36     9     1
1   10    45   120   210   252   210   120    45    10    1
1  11    55   165   330   462   462   330   165    55   11   1
1 12    66   220   495   792   924   792   495   220   66   12   1
```

19. Juni 1623
geboren in Clermont
(heute Clermont-Ferrand)

1631
Umzug mit der Familie
nach Paris

1639
schreibt die *Essais pour
les coniques* (Abhandlung
über Kegelschnitte);
Umzug der Familie nach
Rouen

1642 – 1645
konstruiert die Pascaline,
eine mechanische
Rechenmaschine

1647
trifft Descartes und
veröffentlicht die
*Expériences nouvelles
touchant le vid*e (Neue
Experimente über den
leeren Raum)

1650
konvertiert zum
Jansenismus

1653
widmet sich wieder
wissenschaftlichen
Studien

1653
veröffentlicht *Récit de
la grande expérience de
l'équilibre des liqueurs*
(Vom Gleichgewicht der
Flüssigkeiten), eine
Abhandlung über sein
Gesetz zur Druckaus-
breitung

1654
korrespondiert mit
Fermat

1655
der *Traité du triangle
arithmétique* (Abhandlung
über das arithmetische
Dreieck) wird gedruckt;
lernt Antoine Arnauld
kennen, den führenden
Vertreter des Jansenismus

1656 – 1657
schreibt *Les Provinciales*
(Briefe in die Provinz) zur
Verteidigung des
Jansenismus

1657 – 1663
beginnt die Arbeiten
an den Fragment
gebliebenen *Pensées*
(Gedanken), eine
Sammlung philosophi-
scher und theologischer
Notizen

1658
verfasst eine Abhandlung
über die Zykloide

19. August 1662
stirbt in Paris

1670
die *Pensées* werden
postum veröffentlicht

1779
die *Essais pour les
coniques* werden
herausgebracht

BLAISE PASCAL

Pascal litt zeit seines Lebens an chronischer Migräne, Schlaflosigkeit und Verdauungsstörungen, sodass sein kurzes, aber sehr produktives Schaffen von heftigen Schmerzen geprägt war. Dennoch wurde er ein herausragender Mathematiker, Physiker, Philosoph und Theologe, der mit den größten Denkern seiner Zeit zusammenarbeitete (aber auch heftig mit ihnen disputierte). Pascal erhielt Privatunterricht, wuchs vom sechsten Lebensjahr an ohne Mutter auf und befasste sich im Geheimen mit Mathematik, da ihm sein Vater eine Beschäftigung mit diesem Fach verboten hatte. Im Alter von zwölf Jahren hob sein Vater das Verbot auf, und der junge Pascal spornte sich nun noch härter an und konstruierte eine Rechenmaschine, um seinen Vater bei seiner Tätigkeit als Steuereinnehmer zu unterstützen. Die „Pascaline" genannte mechanische Rechenmaschine war nicht die erste ihres Typs und auch keineswegs kommerziell erfolgreich, wenngleich fünfzig davon gebaut wurden. Ihre Konstruktionsweise und die dahinter stehende Theorie allerdings hatten großen Einfluss auf Gottfried Leibniz.

Pascal lieferte sich als Erwachsener regelmäßig heftige Wortgefechte mit dem Philosophen Descartes über die (Nicht-) Existenz eines Vakuums. Descartes war der fälschlichen Meinung, dass es so etwas nicht geben würde, was zu Pascals Abhandlung über den Luftdruck führte. Darüber hinaus fand er Zeit, die Idee des „Pascalschen Dreiecks" zu entwickeln (siehe Seiten 26-27) und die Grundlagen der Wahrscheinlichkeitstheorie im Briefwechsel mit Pierre de Fermat zu formulieren. Dass es dazu kam, ist dem unverbesserlichen Spieler Chevalier de Méré zu verdanken, der Pascal fragte, ob er herausfinden könne, wie ein Spieleinsatz unter zwei Spielern mit den gleichen Fähigkeiten zu verteilen sei, wenn sie mitten im Spiel entscheiden würden, das Spiel zu beenden. Im Jahr 1646 wurde Pascals Vater krank und von zwei jansenistischen Brüdern des Klosters Port Royal gepflegt. Das hinterließ einen so tiefen Eindruck auf Pascal und seine Schwester Jacqueline, dass sie sich zum Jansenismus bekehren ließen. Gegen Ende seines Lebens verbrachte Pascal viel Zeit damit, Glauben und Verstand miteinander zu versöhnen. Dieser Versuch lässt sich vielleicht am besten am Beispiel der „Pascalschen Wette" verdeutlichen, die in seinen *Pensées sur la religion et sur quelques autres sujets* (Gedanken über die Religion und einige andere Themen) vorkommt, einer Sammlung von philosophischen Überlegungen, die unvollendet blieb, als er starb. In dieser Wette geht es um die Existenz Gottes und die Frage, ob man darauf wetten solle. Pascal entscheidet sich zugunsten Gottes mit dem Argument, dass falls Gott existiert, man seinen Platz im Himmel sicher habe, falls aber nicht, man nichts verloren habe.

DIE ZAHLENTHEORIE

Mathe in 30 Sekunden

3-SEKUNDEN-ÜBERBLICK
Die Zahlentheorie ist der Teilbereich der Mathematik, in dem die Eigenschaften und das Verhalten verschiedener Arten von Zahlen untersucht werden.

3-MINUTEN-REFLEXION
Carl Friedrich Gauß hat einst formuliert, dass die Mathematik die Königin der Wissenschaften sei und die Zahlentheorie die Königin der Mathematik. G. H. Hardy hat vor etwas mehr als 70 Jahren diese Empfindung gleichfalls zum Ausdruck gebracht und damit einen Teilbereich der Mathematik als Gegenstand von Untersuchungen beschrieben, die nur wegen der erstaunlichen Schönheit der entdeckten Wahrheiten jenseits jeder praktischen Anwendung durchgeführt würden. Als die Zahlentheorie dann aber unerwartet in der Kryptologie angewendet wurde, dachten nur wenige daran, dass die Schönheit der Königin der Mathematik darunter gelitten habe.

Die Zahlentheorie untersucht interessante Eigenschaften, die Zahlen aufweisen. Man wähle zum Beispiel irgendeine ungerade Primzahl und teile sie durch 4. Der Rest wird entweder 1 oder 3 sein. Es lässt sich beweisen, dass falls der Rest 1 ist, man zwei Quadratzahlen finden kann, die sich zu der entsprechenden Primzahl summieren lassen. Dividiert man beispielsweise 73 durch 4, ergibt sich 18, und es bleibt ein Rest von 1. Nach einer kurzen Suche kann man festlegen, dass $73 = 9 + 64 = 3^2 + 8^2$ ist. Sollte der Rest allerdings 3 sein, dann bedeutet das, dass, egal, wie lange man sucht, es *unmöglich* ist, zwei Quadratzahlen zu ermitteln, die zur entsprechenden Primzahl addiert werden können. (Man nehme zum Beispiel 7 oder 59.) Dies wirft die Frage auf, warum das so ist. Mathematiker geben sich niemals damit zufrieden, ein solch interessantes Verhalten bloß zu entdecken, sondern sie wollen beweisen, dass solche Eigenschaften immer wahr sind. Die Mathematiker in der griechischen Antike haben damit begonnen, Eigenschaften der Teilbarkeit von ganzen Zahlen zu untersuchen, was sie schließlich zum Studium der Primzahlen führte. Sie haben aber auch figurierte Zahlen und ihre Wechselbeziehungen zueinander analysiert. Wenn sich eine bestimmte Anzahl von Steinen zu einem gleichseitigen Dreieck, einem Quadrat oder Fünfeck und so weiter anordnen lässt, dann spricht man von figurierten Zahlen. Euklid entwickelte sogar eine Formel, wann sich zwei Quadratzahlen zu einer dritten Quadratzahl summieren lassen. Das Nachdenken über ähnliche Gleichungen veranlasste Pierre de Fermat zu einer Vermutung, die als sein Letztes Theorem berühmt wurde.

SIEHE AUCH
PRIMZAHLEN
Seite 22

RINGE & KÖRPER
Seite 88

EUKLIDS ELEMENTE
Seite 94

FERMATS LETZTES THEOREM
Seite 136

3-SEKUNDEN-BIOGRAFIEN
PYTHAGORAS
um 570 – um 490 v. Chr.

EUKLID
um 300 v. Chr.

PIERRE DE FERMAT
1607 – 1665

CARL FRIEDRICH GAUSS
1777 – 1855

G. H. HARDY
1877 – 1947

30-SEKUNDEN-TEXT
David Perry

Figurierte Zahlen, die ein Zweig der Zahlentheorie sind, lassen sich als eine geometrische Anordnung ausdrücken.

>*Jede Quadratzahl ist die Summe zweier Dreieckszahlen – hier ist 5^2 das Ergebnis der Addition von $10 + 15$.*

>*Die Addition aufeinander-folgender ungerader ganzer Zahlen, beginnend mit 1, ergibt eine Quadratzahl: $8^2 = 64$.*

1   3   5   7   9   11   13   15

VERKNÜPFUNGEN VON ZAHLEN

VERKNÜPFUNGEN VON ZAHLEN
GLOSSAR

Algebraischer Ausdruck Mathematischer Ausdruck, in dem Buchstaben oder andere Symbole benutzt werden, um Zahlen darzustellen. Algebraische Ausdrücke können auch arabische Ziffern und jedes Zeichen für Rechenoperationen enthalten, zum Beispiel + (Addition), × (Multiplikation), √ (Quadratwurzel) und so weiter. Es spielt keine Rolle, wie komplex ein algebraischer Ausdruck ist, er stellt immer nur einen einzigen Wert dar.

Assoziativ Eine Eigenschaft bei der Verknüpfung von Zahlen dergestalt, dass wenn ein Ausdruck die zwei- oder mehrmalige Anwendung einer Rechenoperation erfordert, es dabei unerheblich ist, in welcher Reihenfolge die Operation ausgeführt wird. Die Multiplikation von Zahlen beispielsweise ist assoziativ, da $(a \times b) \times c = a \times (b \times c)$ ist.

Ausdruck Eine Verkettung von Zahlen und/oder Symbolen, die zusammen mit einem Operator, wie zum Beispiel + (Addition) oder × (Multiplikation), einen Wert festlegen.

Boolesche Logik (Boolesche Algebra) Eine Algebra, in der logische Aussagen durch algebraische Gleichungen dargestellt werden, wobei „Multiplikation" und „Addition" (und Negationen) durch „und" und „oder" (und „nicht") ersetzt werden und die Ziffern 0 und 1 für „falsch" und „wahr" stehen. Die Boolesche Algebra spielte – und spielt noch immer – eine maßgebliche Rolle bei der Entwicklung von Rechnerarchitekturen.

Differentialgleichung Eine Gleichung, die eine unbekannte Funktion und einige ihrer Ableitungen enthält. Differentialgleichungen sind ein wichtiges Werkzeug, das Wissenschaftler zur Modellierung physikalischer und mechanischer Prozesse in der Physik und im Ingenieurwesen einsetzen.

Exponent Die Hochzahl beim Potenzieren, die angibt, wie oft die Basis (Grundzahl) mit sich selbst multipliziert wird. Im Ausdruck $4^3 = 64$ ist 3 der Exponent und 4 die Basis.

Funktion Wenn man auf eine Eingabemenge eine Funktion anwendet, dann ergibt sich eine andere Menge, die Ausgabemenge. Eine Funktionsvorschrift wird oft als $f(x)$ geschrieben. Beispielsweise ist $f(x) = x^2$ eine Funktion, bei der man für jeden Eingabewert von x den Ausgabewert von x^2 erhält, sodass $f(5) = 25, f(9) = 81$ ist und so weiter. Eine Funktion ordnet jedes Element der Eingabemenge eindeutig einem Element der Ausgabemenge zu.

Kartesische Koordinaten Zahlen, die die Position eines bestimmten Punkts auf einem Graphen oder einer Landkarte in einem Gitternetz angeben. Die Koordinaten werden durch Werte festgelegt, die zum einen den Abstand auf der horizontalen Achse (x-Achse) und zum anderen den auf der senkrechten Achse (y-Achse) von einem Referenzpunkt aus darstellen, der üblicherweise der Schnittpunkt der Achsen ist (Ursprung).

Kommutativ Eine Eigenschaft bei der Verknüpfung von Zahlen dergestalt, dass wenn die Reihenfolge der Elemente vertauscht wird, das Ergebnis gleich bleibt. Die Multiplikation von Zahlen ist kommutativ, weil $3 \times 5 = 5 \times 3$ ist.

Monadologie Die metaphysische Philosophie von Gottfried Leibniz, die er in seinem Werk *Monadologie* (1714) darlegt. Diese Philosophie beruht auf der Idee von Monaden, einfachen Substanzen, die Leibniz „die Elemente der Dinge" nannte und deren spezifisches Verhalten vorherbestimmt ist.

Multiplikator Die Zahl, mit der eine andere Zahl, der Multiplikand, multipliziert wird. Im Ausdruck $3 \times 9 = 27$, ist 3 der Multiplikator und 9 der Multiplikand.

Quantenmechanik Ein Zweig der Physik, in dem mathematische Formeln eine zentrale Rolle spielen, um die Bewegung und Wechselwirkung subatomarer Teilchen zu beschreiben, beispielsweise den Welle-Teilchen-Dualismus.

Reelle Zahl Jede Zahl, die eine Größe auf einer Zahlengeraden ausdrückt. Die reellen Zahlen enthalten alle rationalen Zahlen (das heißt, Zahlen, die als Bruch ganzer Zahlen dargestellt werden können einschließlich der positiven und negativen ganzen Zahlen und der periodischen oder abbrechenden Dezimalzahlen), die irrationalen Zahlen (die Zahlen, die sich nicht als gemeine Brüche schreiben lassen, wie etwa $\sqrt{2}$) und die transzendenten Zahlen (wie π).

Variable Eine Größe, die ihren Zahlenwert verändern kann. Variablen werden oft als Buchstaben geschrieben, wie zum Beispiel x oder y, und als Platzhalter in Ausdrücken oder Gleichungen benutzt wie in $3x = 6$, wobei 3 der Koeffizient ist, x die Veränderliche und 6 die Konstante.

Zahlengerade Die Veranschaulichung aller reellen Zahlen als Punkte auf einer Geraden, die von der Zahl Null geteilt wird und von der nach links alle negativen Werte unendlich fortlaufen und nach rechts alle positiven Werte. Die meisten Zahlengeraden haben gleichmäßige Abstände zwischen den positiven und negativen ganzen Zahlen.

DIE NULL

Mathe in 30 Sekunden

3-SEKUNDEN-ÜBERBLICK

Die Null, die durch die Ziffer 0 dargestellt wird, bezeichnet die Anzahl der Elemente in der leeren Menge und leitet sich von lat. *nullus* (kein) her.

3-MINUTEN-REFLEXION

In der Booleschen Logik steht 0 für falsch, und bei elektrischen Geräten ist 0 die Kurzschreibweise für die Schalterstellung „Aus". In der Physik wird die tiefste überhaupt mögliche Temperatur als absoluter Nullpunkt angegeben. „Unter Null" wird benutzt, um negative Zahlen oder Größen zu bezeichnen. Etwas „nullen" heißt, eine Vorrichtung oder einen Zähler auf null einstellen. Als „Null" wird eine unbedeutende Person oder Sache charakterisiert, was allerdings wohl kaum auf die sehr wichtige und äußerst vielseitige reelle Zahl zutrifft.

Hochkulturen wie die Babylonier, die Griechen (aber nur Astronomen) und die Maya benutzten die Null in ihren Zahlensystemen als Platzhalter. Sie wurde auch in Indien verwendet, wo unser modernes Zahlensystem entstand. Im Jahr 628 verfasste Brahmagupta das erste Buch, das die Null eher als Zahl denn als Platzhalter behandelt und Rechenregeln für negative Zahlen und für die Null enthält. Al-Khwarizmi führte das indische Zahlensystem 820 in der islamischen Welt ein. Es war Fibonacci, der die Null in Europa bekannt machte, als er sie 1202 in seinem *Liber Abaci* anwandte. Die Null ist die einzige reelle Zahl, die weder positiv noch negativ ist, und jede Zahl, die verschieden von Null ist, wird „ungleich null" genannt. Die Null ist das neutrale Element der Addition, das heißt, dass $a + 0 = a$, wobei a für jede reelle Zahl steht, deren Wert ändert sich nicht durch die Addition von null. Darüber hinaus ist $a \times 0 = 0$ und $0/a = 0$ für a ungleich null. Man könnte nun denken, dass eine reelle Zahl, die durch null dividiert wird, unendlich ist, aber streng genommen macht das keinen Sinn, deshalb sagen Mathematiker, dass eine Division durch null undefiniert ist. Weil 0 durch 2 ohne Rest teilbar ist, ist die Null eine gerade Zahl. Wenn der Exponent 0 ist, dann ist das Ergebnis immer 1, es gilt: $a^0 = 1$ für jede reelle Zahl a ungleich null. Einige Mathematiker ziehen es vor, beim Zählen mit 0 statt mit 1 zu beginnen.

SIEHE AUCH

ZAHLENSYSTEME
Seite 20

DIE UNENDLICHKEIT
Seite 38

ADDITION & SUBTRAKTION
Seite 40

MULTIPLIKATION & DIVISION
Seite 42

EXPONENTEN &
LOGARITHMEN
Seite 44

3-SEKUNDEN-BIOGRAFIEN

BRAHMAGUPTA
598 – um 670

ABU ABDULLAH MUHAMMAD IBN MUSA AL-KHWARIZMI
um 780 – um 850

LEONARDO VON PISA
(FIBONACCI)
um 1175 – um 1250

30-SEKUNDEN-TEXT
Robert Fathauer

Viel Lärm um nichts – die Null ist eine ganze Zahl der besonderen Art.

DIE UNENDLICHKEIT
Mathe in 30 Sekunden

Dass die Menge der natürlichen Zahlen unendlich groß ist, ist einfach zu verstehen. Man lege irgendeine Zahl als die größte fest, allerdings kann man immer eine noch größere erhalten, indem man 1 dazu addiert. Dass es eine unendliche Anzahl an Zahlen zwischen 0 und 1 gibt, ist ebenfalls wahr, aber ein wenig komplizierter. Die Idee der Unendlichkeit hat Mathematiker jahrtausendelang fasziniert. Der griechische Philosoph Zenon von Elea untersuchte dieses Konzept mithilfe einer Reihe von Paradoxa. In seinem berühmtesten Paradoxon legt er dar, dass keine Bewegung möglich ist, denn wenn man von einem Punkt A einen Punkt B erreichen möchte, dann muss man eine unendliche Anzahl an Punkten dazwischen durchlaufen. Damit man aber von einem Punkt zum nächsten gelangt, braucht man dafür jeweils eine bestimmte Zeit, und da sich eine unendliche Anzahl positiver Zahlen unendlich aufaddiert, kann man in endlicher Zeit nirgendwo ankommen. Heute wissen wir, worin Zenon irrte (eine unendliche Folge positiver Zahlen kann eine endliche Summe haben!), aber der Gedanke löste zahllose Untersuchungen aus. Die zentrale Idee hinter der modernen Analysis ist die Unendlichkeit. Durchschnittliche Änderungsraten, die eine unendliche Folge zunehmend kleiner werdender positiver Zeitintervalle („infinitesimale Zeitintervalle") benutzen, helfen dabei, die momentane Änderungsrate zu bestimmen. Das funktioniert genauso wie beim Tachometer eines Autos, der Ihre momentane Geschwindigkeit anzeigt; die Strecke, die Sie innerhalb eines kleinen positiven Zeitintervalls zurücklegen, dividiert durch dieses Zeitintervall. Ohne Unendlichkeit könnten wir vielleicht wirklich nirgendwohin gelangen!

SIEHE AUCH
RATIONALE & IRRATIONALE
ZAHLEN
Seite 16

DIE INFINITESIMALRECHNUNG
Seite 50

DIE KONTNUUMSHYPOTHESE
Seite 148

3-SEKUNDEN-ÜBERBLICK
Alles hat einmal ein Ende, allerdings nicht in der Mathematik.

3-MINUTEN-REFLEXION
Buzz Lightyear, der berühmte Weltraumheld aus den *Toy Story*-Filmen, verkündet stolz: „Bis zur Unendlichkeit und noch viel weiter!" Aber wie das Ende der reellen Zahlen auf einer Zahlengeraden und der Horizont für unerschrockene Seefahrer – niemals kommen wir ihnen näher als zu Beginn unserer Reise, egal, wie weit wir uns auch vom Ausgangspunkt fortbewegen. Selbst die Anzahl aller subatomaren Teilchen im Weltall, die auf weit weniger als 10^{100} (ein Googol) geschätzt wird, ist nicht näher an der Unendlichkeit als 1. Will man über die Unendlichkeit hinausgehen, dann muss man sie zunächst einmal erreichen. Dieser Gedanke würde Zenon zweifelsohne gefallen haben.

3-SEKUNDEN-BIOGRAFIEN
ZENON VON ELEA
um 490 – um 430 v. Chr.

GEORG CANTOR
1845 – 1918

30-SEKUNDEN-TEXT
Richard Brown

Wird es jemals für all das ein Ende geben? Folgt man den Mathematikern, dann lautet die Antwort nein.

ADDITION & SUBTRAKTION

Mathe in 30 Sekunden

SIEHE AUCH
BRÜCHE & DEZIMALZAHLEN
Seite 14

ZAHLENSYSTEME
Seite 20

DIE NULL
Seite 36

MULTIPLIKATION & DIVISION
Seite 42

3-SEKUNDEN-ÜBERBLICK

Addition ist das Zusammenzählen zweier oder mehrerer Zahlen. Subtraktion ist das Abziehen einer Zahl von einer anderen.

3-MINUTEN-REFLEXION

Unendlich viele Zahlen können in einer unendlichen Reihe addiert oder subtrahiert werden. Eine Reihe, die einen Grenzwert besitzt, nennt man konvergent. Ein einfaches Beispiel ist die Reihe $\frac{1}{2} + \frac{1}{4} + \frac{1}{8} + \frac{1}{16} + \ldots = 1$. Zum besseren Verständnis stelle man sich vor, dass man einen Raum zur Hälfte durchschreitet, dann die Hälfte der verbliebenen Entfernung ($\frac{1}{4}$ der Gesamtentfernung), dann wieder die Hälfte der verbliebenen Entfernung ($\frac{1}{8}$) und so weiter. Einige unendliche Reihen führen zu überraschenden Ergebnissen, zum Beispiel $1 - \frac{1}{3} + \frac{1}{5} - \frac{1}{7} + \frac{1}{9} - \frac{1}{11} + \frac{1}{13} - \frac{1}{15} \ldots = \pi/4$.

Hochkulturen wie die Ägypter oder die Babylonier benutzten die Addition und die Subtraktion bereits 2000 v. Chr. Das dezimale Zahlensystem, das in Indien verwendet wurde und sich besser für Rechenoperationen eignete, wurde in Europa durch Fibonaccis *Liber Abaci* eingeführt. Aryabhata und Brahmagupta leisteten im sechsten und siebten Jahrhundert wichtige Beiträge zur indischen Mathematik, und die Symbole + und − erschienen erstmalig im Druck in einem 1489 veröffentlichten Buch von Johannes Widmann. Die Zahlen, die zueinander addiert werden, nennt man Summanden, und das Ergebnis heißt Summe. Ist im Zehnersystem die Summe einer Stelle der Summanden größer als 9, wird ein Übertrag gemacht. Die Addition ist kommutativ, sodass $a + b = b + a$, und assoziativ, das heißt, dass $(a + b) + c = a + (b + c)$. Addiert man null zu einer Zahl, so ändert sich nichts am Ergebnis, die Null ist daher das neutrale Element der Addition wie im Beispiel $a + 0 = a$. Die Subtraktion ist die Umkehrung der Addition. In einer Subtraktion, zum Beispiel in $a - b$, ist a der Minuend und b der Subtrahend. Im Gegensatz zur Addition ist die Subtraktion weder kommutativ noch assoziativ. In Stellenwertsystemen werden Überträge benötigt, wenn Zahlen schriftlich addiert werden, und sie sind ebenso erforderlich, wenn Zahlen schriftlich voneinander subtrahiert werden. Das Plusminuszeichen ($\pm$) kann benutzt werden, um eine vorläufige Unbestimmtheit auszudrücken oder zwei Werte in einem Term (zum Beispiel die zwei Wurzeln einer quadratischen Gleichung).

3-SEKUNDEN-BIOGRAFIEN

ARYABHATA
476–550

BRAHMAGUPTA
598 – um 670

LEONARDO VON PISA
(FIBONACCI)
um 1175 – um 1250

JOHANNES WIDMANN
um 1462 – um 1498

30-SEKUNDEN-TEXT
Robert Fathauer

Die Summe aller Dinge – die Addition und die Subtraktion sind seit Urzeiten Teil des alltäglichen Lebens.

MULTIPLIKATION & DIVISION

Mathe in 30 Sekunden

Die Multiplikation und die Division

bildeten eine große Herausforderung für frühe Zahlensysteme, die kein Stellenwertsystem besaßen, wie zum Beispiel die ägyptischen, griechischen oder römischen Ziffern. Das Zahlen- und Rechensystem, das schließlich in Europa übernommen wurde, wurde in Indien entwickelt, wo zwischen dem sechsten und siebten Jahrhundert entscheidende Fortschritte erzielt wurden. In einer Multiplikation $a \times b = c$ ist a der Multiplikator, b der Multiplikand und c das Produkt; a und b werden auch als Faktoren bezeichnet. Die Schreibweise für die Multiplikation zweier Zahlen a und b ist u. a. $a \times b, a \cdot b, (a)(b)$ und einfach nur ab, wobei Mathematiker die letztgenannte Notation favorisieren. Ähnlich wie in der Addition wird im Zehnersystem ein Übertrag gemacht, wenn das Produkt einer Stelle von Ziffern größer als 9 ist. Im Beispiel $a \times 1 = a$ ist 1 das neutrale Element der Multiplikation. Die Multiplikation ist kommutativ, das heißt, dass $a \times b = b \times a$, und assoziativ, sodass $(a \times b) \times c = a \times (b \times c)$. Die Division ist weder das eine noch das andere. In einer Division $a \div b = c$ ist a der Dividend, b der Divisor und c der Quotient. Mathematiker verwenden zumeist die Schreibweise a/b statt $a \div b$. Die schriftliche Division ist ein Algorithmus, der den Dividenden (die Menge, die geteilt wird), den Divisor (die Zahl, durch die geteilt wird) und den Quotienten (das Ergebnis) in einem Tableau darstellt. Die Division irgendeiner Zahl durch null ist für Mathematiker undefiniert, weil sie streng genommen keinen Sinn ergibt.

SIEHE AUCH
BRÜCHE & DEZIMALZAHLEN
Seite 14

DIE ZAHLENTHEORIE
Seite 30

ADDITION & SUBTRAKTION
Seite 40

EXPONENTEN & LOGARITHMEN
Seite 44

3-SEKUNDEN-BIOGRAFIEN
ARYABHATA
476 – 550

BRAHMAGUPTA
598 – um 670

LEONARDO VON PISA (FIBONACCI)
um 1175 – um 1250

30-SEKUNDEN-TEXT
Robert Fathauer

3-SEKUNDEN-ÜBERBLICK
Die Multiplikation ist die wiederholte Addition einer Zahl, wobei eine zweite Zahl die Anzahl der Wiederholungen angibt. Die Division stellt fest, wie oft eine Menge in einer anderen enthalten ist.

3-MINUTEN-REFLEXION
Mithilfe von Logarithmen lassen sich Multiplikation und Division auf Addition und Subtraktion vereinfachen. Dies wird dadurch möglich, dass man das Multiplizieren oder Dividieren von Zahlen, die als Potenzen zur gleichen Basis ausgedrückt werden, durch das Addieren oder Subtrahieren der Exponenten ausführen kann. Vor der Einführung von Tisch- und Taschenrechnern wurden üblicherweise Rechenschieber mit ihren logarithmischen Skalen zur Erleichterung von Berechnungen verwendet.

In der Multiplikation wird eine Zahl durch eine zweite Zahl vervielfacht. In der Division hingegen wird eine Zahl in gleiche Teile geteilt.

x	1	2	3	4	5	6	7	8	9	10
1	1	2	3	4	5	6	7	8	9	10
2	2	4	6	8	10	12	14	16	18	20
3	3	6	9	12	15	18	21	24	27	30
4	4	8	12	16	20	24	28	32	36	40
5	5	10	15	20	25	30	35	40	45	50
6	6	12	18	24	30	36	42	48	54	60
7	7	14	21	28	35	42	49	56	63	70
8	8	16	24	32	40	48	56	64	72	80
9	9	18	27	36	45	54	63	72	81	90
10	10	20	30	40	50	60	70	80	90	100

$$7 \overline{)42} = 6$$

EXPONENTEN & LOGARITHMEN

Mathe in 30 Sekunden

Wenn man jede Woche 1 € ins Sparschwein wirft und den angesparten Betrag graphisch darstellt, dann wird man beobachten, dass er linear anwächst (mit einer konstanten Zunahme). Wenn man allerdings jede Woche 1 € auf ein Bankkonto einzahlt, auf dem die Einlagen verzinst werden, dann wächst der Betrag exponentiell (mit einer Zunahme, die zusammen mit dem Betrag selbst steigt, nämlich dann, wenn auf bereits erhaltene Zinsen erneut Zinsen berechnet werden, was zu einem Schneeballeffekt führt). Gesetzt den Fall, eine großzügige Bank bietet eine Verzinsung von 100% an, dann heißt das, dass man 1 € Zinsen für den ursprünglich investierten 1 € bekäme und nach einem Jahr 2 € besitzen würde. Zahlt man kein weiteres Geld ein und lässt den Betrag so stehen, damit er sich weiterhin verzinst, dann würde er sich jedes Jahr verdoppeln und nach 3 Jahren hätte man 8 €, weil $2 \times 2 \times 2 = 2^3 = 8$. Nach 4 Jahren wären es 16 € und so weiter. Im Ausdruck $2^3 = 8$ nennt man den konstanten Faktor 2 die Basis; der Exponent 3 gibt an, wie oft die Basis mit sich selbst multipliziert werden muss. Es ist nur natürlich, dass man diese Berechnung umkehren möchte. Was wäre, wenn man die Zinshöhe kennt, aber wissen möchte, wie viele Jahre es dauert, bis 1 € zu 8 € werden? Ein Logarithmus kehrt die Exponentialfunktion um, und man schreibt $\log_2 8 = 3$. Allgemein besagt die Funktionsgleichung $\log_2(x)$, mit welchem Exponenten 2 potenziert werden muss, um x zu erhalten. Im Bankenbeispiel, in dem sich das Geld jedes Jahr verdoppelt, gibt der Term an, wie viele Jahre vergehen müssen, ehe man x € auf dem Konto hat.

SIEHE AUCH
RATIONALE & IRRATIONALE ZAHLEN
Seite 16

MULTIPLIKATION & DIVISION
Seite 42

FUNKTIONEN
Seite 46

3-SEKUNDEN-BIOGRAFIEN
JOHN NAPIER
1550 – 1617

LEONHARD EULER
1707 – 1783

30-SEKUNDEN-TEXT
David Perry

3-SEKUNDEN-ÜBERBLICK
Das Potenzieren ist eine Kurzschreibweise für eine wiederholte Multiplikation. Ein Logarithmus verhält sich zum Potenzieren wie das Dividieren zum Multiplizieren – eine mathematische Art, es rückgängig zu machen.

3-MINUTEN-REFLEXION
Der Mathematiker John Napier war der Erste, der den Begriff Logarithmus benutzte, um die Umkehrung des Potenzierens zu bezeichnen, und er stellte im 16. Jahrhundert Tafeln mit Werten her, um mit Logarithmen zu rechnen. Höchstwahrscheinlich haben Sie auf Ihrem Taschenrechner Tasten für $\log_{10}(x)$ (den Logarithmus zur Basis 10) und für $\ln(x)$, den „natürlichen Logarithmus". Die Basis für den natürlichen Logarithmus ist eine Zahl zwischen 2 und 3, die man e nennt, eine spezielle Zahl wie π, und die häufig in Formeln vorkommt, zum Beispiel in der Physik, der Biologie und der Wirtschaftswissenschaft.

Während das logarithmische Wachstum drastisch abfällt, schießt das exponentielle Wachstum geradezu nach oben.

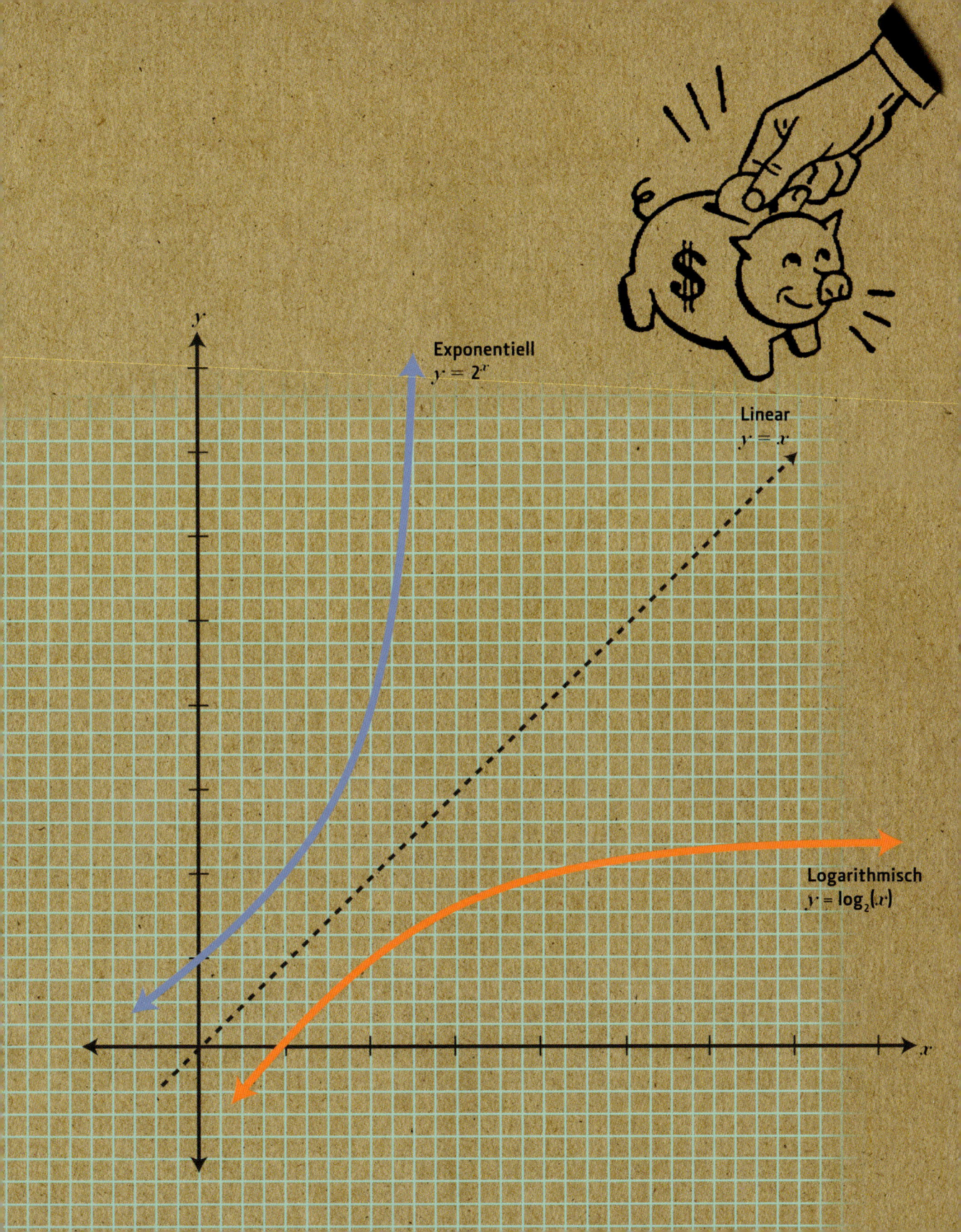

FUNKTIONEN

Mathe in 30 Sekunden

SIEHE AUCH
EXPONENTEN &
LOGARITHMEN
Seite 44

GLEICHUNGEN
Seite 78

TRIGONOMETRIE
Seite 102

GRAPHEN
Seite 108

3-SEKUNDEN-ÜBERBLICK
Eine mathematische Funktion
ist eine Beziehung, die jedem
Element einer Menge genau
ein Element einer anderen
Menge zuordnet.

3-MINUTEN-REFLEXION
Funktionen werden häufig in
der Physik und den Ingenieur-
wissenschaften angewandt,
wobei die Funktion und ihre
Argumente sich üblicherweise
auf messbare Größen wie
Temperatur, Volumina und
Schwerkraft beziehen. In der
Wirtschaftswissenschaft und
im Geschäftsleben spielen
Funktionen ebenfalls eine
große Rolle, und auf diesen
Gebieten können Variablen für
beispielsweise Nachfrage,
Zeit, Zinsen, Gewinn und so
weiter benutzt werden. Die
Beschäftigung mit funktiona-
len Beziehungen zwischen
zwei oder mehr Elementen
bildet die Grundlage zum
Verständnis mathematischer
Prozesse in der Natur und im
Geschäftsleben.

In der schriftlichen Überlieferung finden
sich schon früh Beispiele von Funktionen, aber der
heutige Begriff der mathematischen Funktion tritt
erst sehr viel später in Erscheinung. In ihrer elementaren Form ist eine Funktion eine Beziehung, die für
jeden Eingabewert genau einen Ausgabewert
erzeugt. Die Funktionsvorschrift $f(x)$ wird benutzt,
um eine Funktion der Variablen x anzugeben.
Beispielsweise ist $f(x) = x^2$ eine Funktion, bei der
man für einen Eingabewert von 3 einen Ausgabewert
von 9 (3^2) erhält. Im 14. Jahrhundert enthielten die
Arbeiten des Nikolaus von Oresme Konzepte zu
abhängigen und unabhängigen Variablen. Galileo
schuf Formeln, die eine Menge von Punkten in einer
anderen abbilden, und auf Descartes geht die Idee
zurück, mithilfe eines algebraischen Ausdrucks eine
Kurve zu konstruieren. Die Bezeichnung „Funktion"
wurde im späten 17. Jahrhundert von Leibniz geprägt.
Die Menge aller Eingaben einer Funktion nennt man
Definitionsmenge, während die Menge aller Ausgaben
Zielmenge heißt. Funktionen mit einer einzigen
Variablen (oder Argument) werden oft mit kartesischen Koordinaten dargestellt, wobei x die Abszisse
(horizontale Achse) ist und $f(x)$ die Ordinate (vertikale
Achse). Zum Beispiel würde für eine Funktion $f(x) =
2x + 3$ der Funktionsgraph $f(x)$ eine Linie zeigen, die
aus allen geordneten Paaren (x,y) besteht, die die
Gleichung erfüllen. Dazu gehören unter anderem (1,5),
weil $5 = 2 \times 1 + 3$ ist, und (2,7), weil $7 = 2 \times 2 +
3$ ergibt. Funktionen der zwei Variablen können
abgebildet werden mit $f(x,y)$ als vertikale Achse und
der x-y-Ebene, die dann horizontal angeordnet ist.

3-SEKUNDEN-BIOGRAFIEN
NIKOLAUS VON ORESME
um 1320 – 1382

RENÉ DESCARTES
1596 – 1650

GOTTFRIED LEIBNIZ
1646 – 1716

30-SEKUNDEN-TEXT
Robert Fathauer

*Wenn jeder Wert für x in die
Gleichung* $-1{,}7x^3 - 5x^2 -
0{,}3x + 1$*, eingegeben ist,
kann das Ergebnis in einem
Graphen dargestellt werden
und die Funktion so veran-
schaulicht werden.*

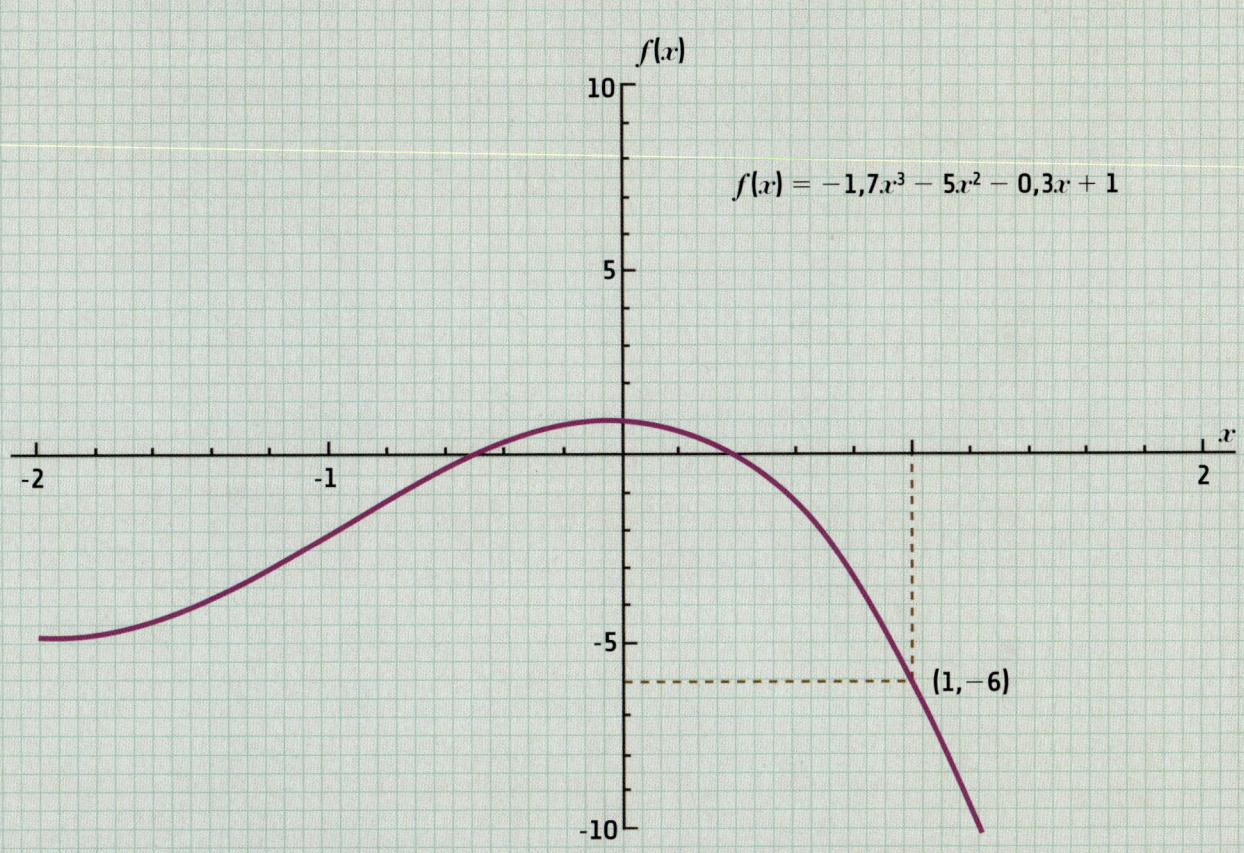

> Dieser Graph zeigt die Werte von $f(x)$ im dargestellten Bereich von −2 bis ungefähr 1,2. Zum Beispiel, bei $x = 1$ ist das Ergebnis −6. Auf diese Weise wird einer der Punkte, der die Kurve erzeugt, durch die Koordinaten (1,−6) beschrieben.

$f(x) = -1,7x^3 - 5x^2 - 0,3x + 1$

(1,−6)

1. Juli 1646
geboren in Leipzig

1661 – 1666
Studium der Philosophie und der Rechtswissenschaft an den Universitäten Leipzig und Jena

1666
Wechsel an die Nürnberger Universität und Abschluss als Doktor der Jurisprudenz

1668 – 1672
Anstellung am Hof des Erzbischofs und Kurfürsten von Mainz

1672 – 1676
lebt in Paris und befasst sich mit mathematischen und theologischen Fragen

1673
Reise nach London, wo er der Royal Society seine Rechenmaschine für die vier Grundrechenarten vorstellt. Er lernt u. a. Newton kennen und wird Mitglied der Royal Society

1675
erfindet im November die Infinitesimalrechnung

1677
Ernennung zum Hofrat und Hofbibliothekar in Hannover durch den Herzog von Braunschweig-Lüneburg

1684
Veröffentlichung seiner Notizen zur Infinitesimalrechnung

1686
publiziert den *Discours de métaphysique* (Metaphysische Abhandlung)

1710
seine *Essais de Théodicée* (Theodizee) erscheinen

1711
der Plagiatsstreit mit Newton um die Erfindung der Infinitesimalrechnung beginnt

1712 – 1714
verfasst *La Monadologie* (Monadologie)

14. November 1716
stirbt in Hannover

GOTTFRIED WILHELM LEIBNIZ

Leibniz, ein begnadeter Universal- gelehrter des ausgehenden 17. und frühen 18. Jahrhunderts, dessen Werk im Wesentlichen aus kurzen Abhandlungen, Notizen, Aufsätzen in gelehrten Journalen und Briefwechseln besteht, litt unter dem Fluch des sogenannten frühzeitigen Anwenders, was die unglaubliche Breite seiner intellektuellen Fähigkeiten widerspiegelt. Viele seiner Ideen sind von modernem Denken geprägt, und seine Theorien sind wegweisend in so unterschiedlichen Gebieten wie der Physik, der Technologie, der Biologie, der Medizin, der Geologie, der Psychologie, der Sprachwissenschaft, der Politik, des Rechtswesens, der Theologie, der Geschichte, der Philosophie und der Mathematik. Leibniz verbesserte Pascals Rechenmaschine (und antizipierte so die Arbeiten von Babbage und Lovelace), entwickelte das Binärsystem, das der heutigen digitalen Technik zugrunde liegt, formulierte das unter dem Begriff Boolesche Algebra oder symbolische Logik bekannte Konzept und skizzierte die Umrisse einer Theorie der Kybernetik, die Norbert Wiener beeinflusste.

Der hochbegabte Sohn eines Universitätsprofessors schrieb und sprach bereits im Alter von 12 Jahren Lateinisch und machte als Sechzehnjähriger seinen ersten Universitätsabschluss. Leibniz besaß akademische Titel in Philosophie, Mathematik und Rechtswissenschaft, mied aber später das akademische Leben an Hochschulen und stand die meiste Zeit unter der Schirmherrschaft des Hauses Braunschweig-Lüneburg. Er lebte und arbeitete in Leipzig, Paris, London, Wien und Hannover und traf dort die führenden Wissenschaftler und Denker seiner Zeit, mit denen er rege korrespondierte. Sein wahrscheinlich bekanntestes philosophisches Werk ist die *Monadologie*, in dem Monaden als einfache Substanzen beschrieben werden, die Leibniz „die Elemente der Dinge" nannte, deren spezifisches Verhalten vorherbestimmt ist. Es ist tragisch, dass ein solches intellektuelles Kraftwerk wie Leibniz wegen einer heftigen Kontroverse und trotz seiner Verbindungen zum Adel und zur Geisteswelt keine Anerkennung erhielt, als er sein Leben aushauchte. Seine Beisetzung fand in kleinstem Kreis statt, und seine Ruhestätte in einer Seitennische der Neustädter Hof- und Stadtkirche St. Johannis in Hannover besaß mehr als 70 Jahre keine Inschrift. Der Streit zwischen Leibniz und Newton, wer von beiden die Infinitesimalrechnung erfunden habe, begann 1711 und ist bis auf den heutigen Tag unentschieden geblieben. Leibniz kannte Newton, beide waren Mitglieder der Royal Society, und er hielt sich in London auf, als Newton die Infinitesimalrechnung entwickelte. Als Leibniz seine Fassung der Infinitesimalrechnung publizierte, ergriffen die meisten Mathematiker Partei für Newton und feindeten Leibniz an. Ob Leibniz Newtons Idee gestohlen und als seine eigene ausgegeben hat oder ob beide zugleich unabhängig voneinander zu demselben Ergebnis kamen, das wird sich möglicherweise niemals klären lassen. Heute wird beiden die Erfindung der Infinitesimalrechnung zugestanden.

DIE INFINITESIMAL-RECHNUNG

Mathe in 30 Sekunden

Viele Wissenschaftszweige untersuchen Objekte, die sich bewegen und sich in Abhängigkeit von der Zeit verändern. Wenn beispielsweise ein Ball einen Hügel hinunterrollt, dann verändert er seine Position. Die momentane Änderungsrate der Position ist die Geschwindigkeit des Balls, wobei sich letztere natürlich ebenfalls ändern kann. Die Änderungsrate der Geschwindigkeit nennt man Beschleunigung. Die Frage, die sich nun stellt, ist, dass wenn es eine Formel gibt, die die Position des Balls beschreibt, kann man dann seine Geschwindigkeit und seine Beschleunigung berechnen? Geometrisch gesehen, besteht das Problem darin, mit einer Kurve in der Ebene zu beginnen und dann festzulegen, wie steil sie an jedem gegebenen Punkt ist. Wenn ein Graph die Position des Balls als Funktion der Zeit darstellt, dann gibt die Steigung des Graphs die Geschwindigkeit des Balls an. Das war schon zu Zeiten des Archimedes bekannt, allerdings besaß man anfangs lediglich approximative Methoden, um die so enorm wichtige Steigung der Kurve zu berechnen. Im späten 17. Jahrhundert entwickelten dann Isaac Newton und Gottfried Wilhelm Leibniz unabhängig voneinander die Infinitesimalrechnung, eine Reihe wunderbarer Regeln, um die Steigung einer Kurve und damit zusammenhängende Ideen zu beschreiben. Die Infinitesimalrechnung umfasst zwei Bestandteile. Ausgehend von einer Kurve wird ihre Steigung mittels der Differentialrechnung bestimmt, die Fläche unter der Kurve hingegen mithilfe der Integralrechnung. Dass Differenzieren und Integrieren umgekehrte Prozesse sind, ist ein Faktum, das als Fundamentalsatz der Analysis bekannt ist.

3-SEKUNDEN-ÜBERBLICK
Die Analysis ist ein Teilgebiet der Mathematik, das beschreibt, wie sich Systeme und andere mathematische Strukturen in Abhängigkeit von Zeit und Raum verändern.

3-MINUTEN-REFLEXION
Die Entdeckung der Analysis durch Newton und Leibniz ist einer der wichtigsten Augenblicke in der Geschichte der Mathematik. Von Klimamodellen über die Wirtschaftswissenschaft bis hin zur Quantenmechanik und zur Relativitätstheorie wird eine beträchtliche Anzahl von Anwendungen aus der Mathematik in der physikalischen Welt mittels „Differentialgleichungen" ausgedrückt und mithilfe der Analysis untersucht. Lösungen für Gleichungen dieser Art zu finden, gehört daher zu einer der größten technischen Herausforderungen für heutige Wissenschaftler und Mathematiker.

SIEHE AUCH
GLEICHUNGEN
Seite 78

GRAPHEN
Seite 108

3-SEKUNDEN-BIOGRAFIEN
ARCHIMEDES VON SYRAKUS
um 287 – um 212 v. Chr.

ISAAC NEWTON
1643 – 1727

GOTTFRIED LEIBNIZ
1646 – 1716

AUGUSTIN-LOUIS CAUCHY
1789 – 1857

KARL WEIERSTRASS
1815 – 1897

30-SEKUNDEN-TEXT
Richard Elwes

Wenn die Positionen eines rollenden Balls bekannt sind, kann man mithilfe der Analysis seine Geschwindigkeit und Beschleunigung berechnen. Angewandt auf einen Hügel, erhält man mittels der Analysis die Tangentialebene, die die Steigung des Hügels bestimmt.

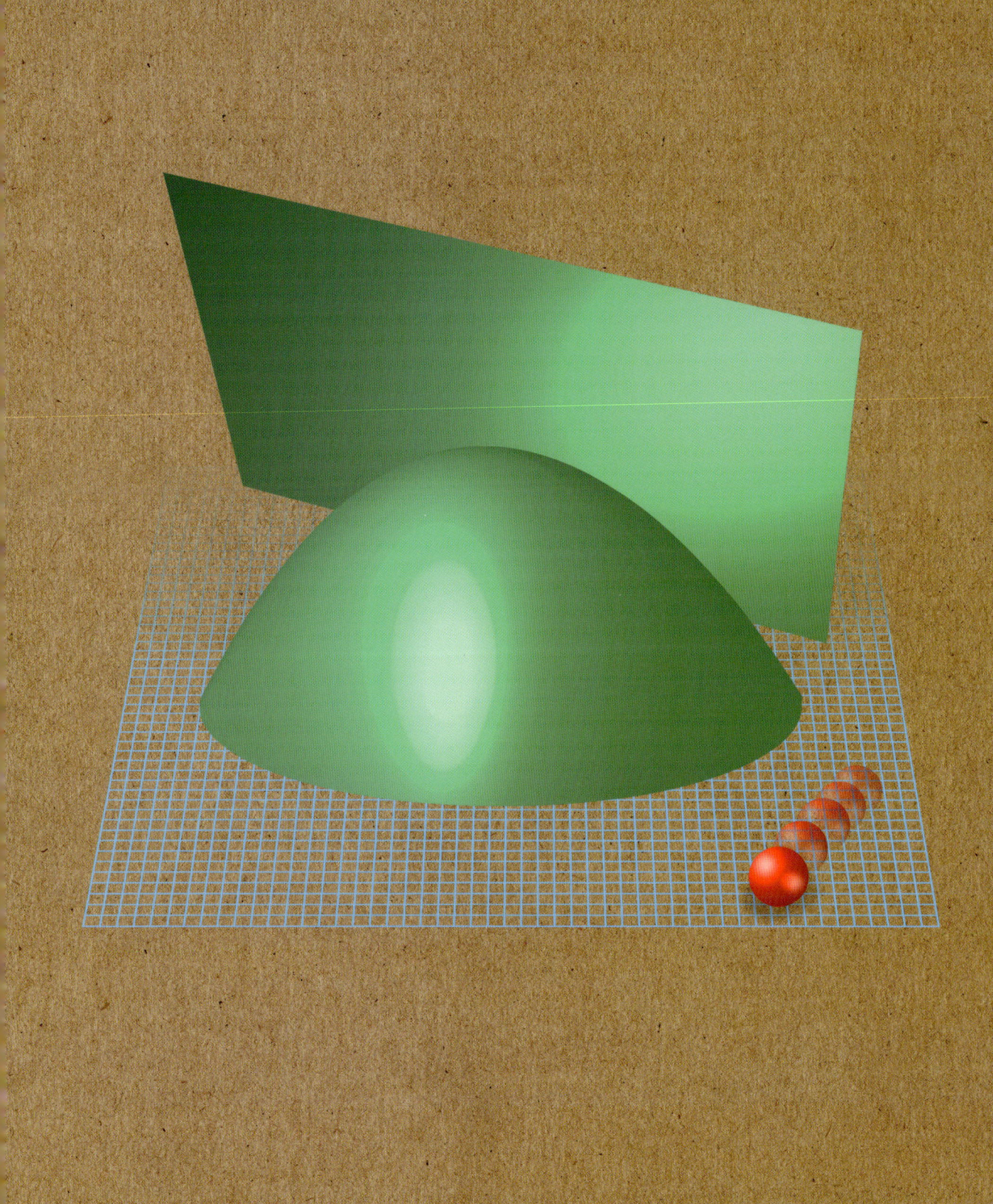

DEM ZUFALL (K)EINE CHANCE

DEM ZUFALL (K)EINE CHANCE
GLOSSAR

A-priori-Wahrscheinlichkeit In der Statistik die Wahrscheinlichkeit eines Ereignisses, die festgelegt wird, bevor neue Daten oder Anhaltspunkte getestet werden, um andere Wahrscheinlichkeiten zu berechnen. Die A-priori-Wahrscheinlichkeit spielt eine zentrale Rolle in Bayes' Theorie der Wahrscheinlichkeit.

Binärfolge In der Informatik eine lange Sequenz der Ziffern 0 und 1, die „Aus" oder „An" darstellen. Binärfolgen werden hauptsächlich als Anweisungen für einen Computer verwendet.

Chancen Als Chance (engl. odds) bezeichnet man das Verhältnis der Wahrscheinlichkeit, dass ein Ereignis eintritt, zur Wahrscheinlichkeit, dass das Ereignis nicht eintritt. Wenn die Wahrscheinlichkeit, dass ein Ereignis eintritt, p ist, und die Wahrscheinlichkeit eines Nichteintretens $1 - p$, dann sind die Chancen zugunsten eines Eintretens $p/(1 - p)$, die dagegen $(1 - p)/p$. Die Wahrscheinlichkeit, beispielsweise mit einem Standardwürfel eine 4 zu werfen, ist 1/6. Die Wahrscheinlichkeit, keine 4 zu werfen, ist 5/6. Die Chancen, eine 4 zu werfen, liegen somit bei (1/6)/(5/6) oder 1/5. Drückt man das Ergebnis auf die übliche Weise aus, sagt man, dass die Chancen, eine 4 zu würfeln, bei 1:5 liegen. Die Chancen, keine 4 zu werfen, sind 5:1 (dagegen). Das heißt, dass man im Schnitt fünfmal verliert, ehe man einmal gewinnt.

Falsch positiv Bezeichnung für einen Fehler, zum Beispiel in einem diagnostischen Test. Ein falsch-positives Ergebnis entsteht, wenn etwa infolge von Ungenauigkeiten eines Testverfahrens eine positive, statt eine negative Diagnose gestellt wird, also eine Person als erkrankt getestet wird, obwohl sie tatsächlich gesund ist. Da falsch-positive Ergebnisse in vielen Testumgebungen auftreten, ist es unmöglich, die Wahrscheinlichkeit genau zu bestimmen, ob etwas oder jemand positiv getestet wird, solange nicht ausreichend Daten zur Verfügung stehen, um die A-priori-Wahrscheinlichkeit zu berechnen. Siehe auch *A-priori-Wahrscheinlichkeit; Richtig positiv*

Gleichgewicht In der Spieltheorie beschreibt ein Gleichgewicht den Punkt in einem Spiel, an dem alle Spieler Strategien anwenden, die sicherstellen, dass kein Spieler eine größere Chance zu gewinnen hat.

Glockenkurve In der Wahrscheinlichkeitstheorie der Name für eine glatte Kurve, die die Standardnormalverteilung darstellt. Der Hochpunkt der Kurve bildet den Mittelwert ab, die beiden symmetrischen Ränder darunter grenzen alle anderen Möglichkeiten ein. Sie fallen schnell ab, um dann flach auszulaufen.

Häufigkeit Der Begriff bezeichnet, wie oft ein bestimmtes Ereignis innerhalb eines festgelegten Zeitraums oder bei einer größeren Anzahl an Versuchen in einem Experiment eintritt.

Richtig positiv Ein korrektes positives Ergebnis, zum Beispiel in einem diagnostischen Test. Der Unterschied zwischen einem richtig-positiven und einem falsch-positiven Ergebnis besteht darin, dass ein richtig-positives Ergebnis tatsächlich korrekt ist, während ein falsch-positives Ergebnis nur vermeintlich positiv ist, was auf eine Ungenauigkeit oder einen Fehler des Testverfahrens zurückzuführen ist.

Wahrscheinlichkeit Ein Maß für die Erwartbarkeit eines Ereignisses. Die Wahrscheinlichkeit drückt das Verhältnis der Anzahl aller günstigen Fälle zur Anzahl aller möglichen Fälle aus, das als eine Zahl zwischen 0 (Wahrscheinlichkeit null) und 1 (sicheres Eintreten) geschrieben wird. Wenn beispielsweise eine Karte aus einem Kartenstapel gezogen wird, liegt die Wahrscheinlichkeit, Herz zu wählen, bei 13/52 oder 1/4. Die Wahrscheinlichkeit, dass Herz tatsächlich eintritt, ist somit 0,25.

Zentraler Grenzwertsatz In der Wahrscheinlichkeitstheorie besagt der Zentrale Grenzwertsatz, dass wenn ein Zufallsversuch, wie das Werfen eines Würfels, ausreichend oft durchgeführt wird, sich die Häufigkeit der Ergebnisse ihrem Erwartungswert nähert. Wenn man die Ergebnisse dann in einem Graphen darstellt, werden sie durch eine Glockenkurve beschrieben.

DIE SPIELTHEORIE

Mathe in 30 Sekunden

Seit tausenden von Jahren spielen

Menschen mit großem Vergnügen Strategiespiele, von *Tic Tac Toe* bis zu *Schach* und *Dame*. Einige sind einfacher als andere. In *Tic Tac Toe* zum Beispiel ist es ziemlich leicht, eine gute Strategie zu entwickeln. Mit ein wenig Übung verliert man nie. In der Spieltheorie werden solche Strategien mathematisch untersucht. Lassen Sie uns ein Spiel wie *Schere, Stein, Papier* näher betrachten. Welche Strategie wählt man hier am besten aus, um zu gewinnen? Wenn sich ein Spieler dafür entscheidet, Schere häufiger als Papier oder Stein zu nehmen, dann kann der Gegner sich darauf einstellen und seinerseits immer öfter Stein benutzen. Solange man allerdings kein Muster im Verhalten des Gegners ausmachen kann, besteht die beste Langzeitstrategie darin, jedes Mal nach dem Zufallsprinzip eine der drei Möglichkeiten einzusetzen. Geht man auf diese Weise vor, wird man genauso häufig gewinnen wie verlieren oder unentschieden spielen. Sofern beide Spieler diese Strategie anwenden, die keinem der beiden die Möglichkeit bietet, die Anzahl der Siege durch einen Taktikwechsel zu erhöhen, so spricht man vom „Gleichgewicht" eines Spiels. Dieses Kernstück der Spieltheorie ist die von John von Neumann bewiesene und John Nash weiter ausgeführte wundervolle Tatsache, dass eine große Zahl von Spielen garantiert ein Gleichgewicht besitzt.

3-SEKUNDEN-ÜBERBLICK
Die Strategie, die in Spielen wie Schach eingesetzt wird, kann mathematisch analysiert werden und wird in zahlreichen wissenschaftlichen Bereichen angewendet.

3-MINUTEN-REFLEXION
Die Spieltheorie hat sich längstens über die Untersuchung von Spielen hinaus entwickelt und findet in Bereichen von der Politikwissenschaft bis hin zur künstlichen Intelligenz Anwendung. Aber Spiele bilden immer noch eine Herausforderung. 2007 hat der kanadische Professor Jonathan Schaeffer mit seinen Kollegen eine unfehlbare Strategie für Schach geschaffen. Ihr Programm verliert niemals. Auch wenn Computer Menschen beim Schach schlagen können, so bleibt eine perfekte Strategie dennoch ein entfernter Traum. Das Hindernis ist die ungeheuer große Zahl an Richtungen, die eine Schachpartie nehmen kann und die die Anzahl an Atomen im Weltall bei weitem übertrifft.

SIEHE AUCH
DAS GESETZ DER GROSSEN ZAHLEN
Seite 62

DER SPIELERFEHLSCHLUSS – DAS GESETZ DES DURCHSCHNITTS
Seite 64

DER SPIELERFEHLSCHLUSS – VERDOPPELN
Seite 66

DER SATZ VON BAYES
Seite 70

3-SEKUNDEN-BIOGRAFIEN
JOHN VON NEUMANN
1903 – 1957

CLAUDE SHANNON
1916 – 2001

JOHN NASH
geb. 1928

JOHN CONWAY
geb. 1937

30-SEKUNDEN-TEXT
Richard Elwes

Schere, Stein, Papier –
haben Sie eine Strategie?
Mathematiker besitzen eine.

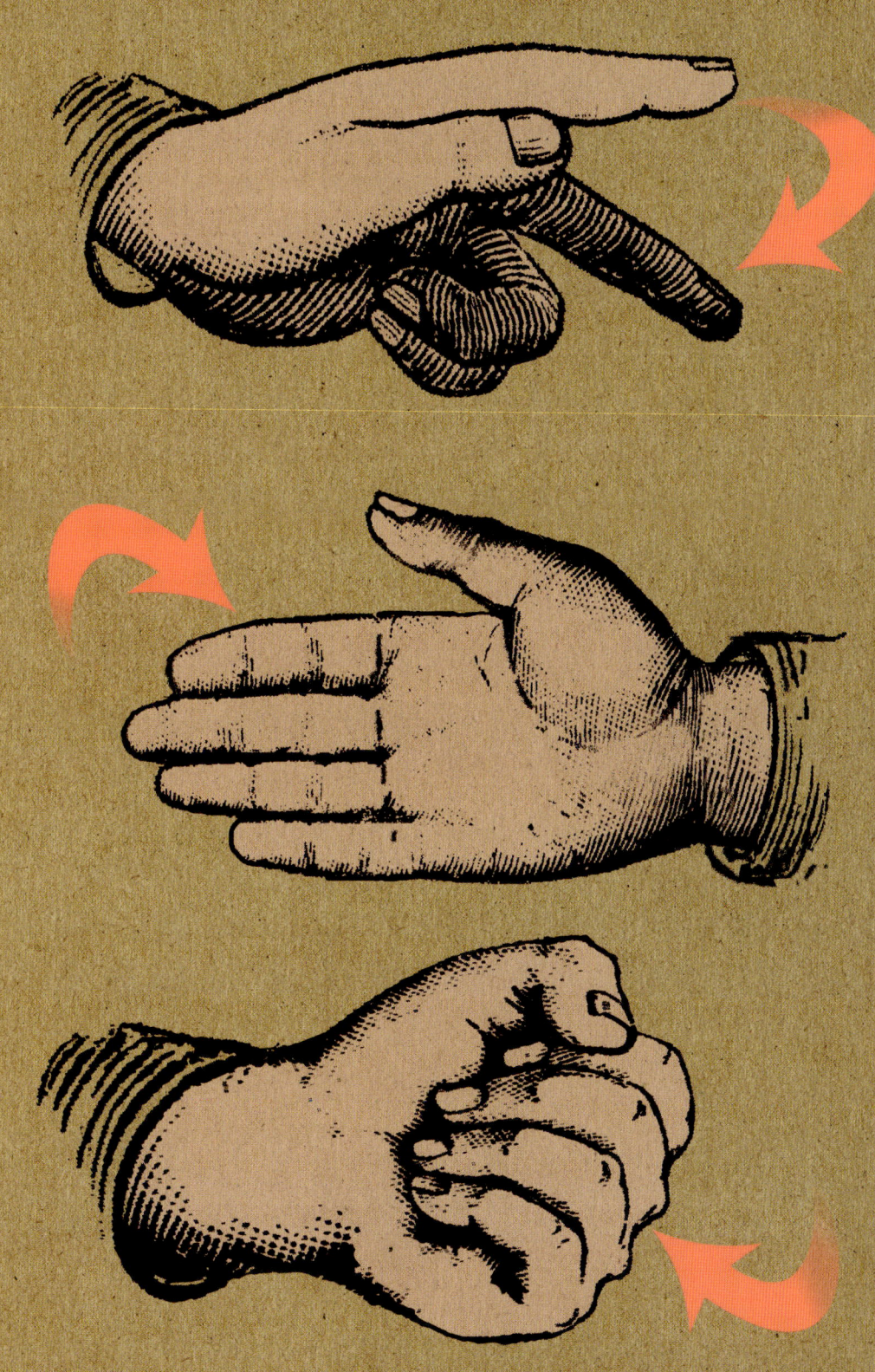

DIE WAHRSCHEIN-LICHKEITSTHEORIE

Mathe in 30 Sekunden

Wenn man einen Würfel wirft, dann stehen die Chancen, eine 6 zu würfeln, bei „5 zu 1" dagegen. Das bedeutet, dass es insgesamt sechs Ergebnisse gibt, die alle gleich wahrscheinlich sind, von denen aber fünf ungünstig und nur eines günstig ist. Ein Mathematiker würde dasselbe mit einem Bruch ausdrücken und sagen, dass die „Wahrscheinlichkeit", eine 6 zu werfen, 1/6 ist, also ein günstiger Fall bei insgesamt sechs Möglichkeiten. Ganz ähnlich verhält es sich mit den Chancen, ein Pikass aus dem Stapel eines Standardkartenspiels zu ziehen, die 51 zu 1 dagegen oder 1/52 betragen. Solange alle Ergebnisse gleich wahrscheinlich sind (ohne dass Würfel oder Karten manipuliert sind), können die Chancen durch Zählen der günstigen und ungünstigen Fälle berechnet werden. In der Wahrscheinlichkeitstheorie werden den Ereignissen Zahlen zugewiesen, um die Wahrscheinlichkeit ihres Eintretens zu beschreiben. Diese Zahlen liegen zwischen 0 und 1, wobei 0 für das Nichteintreten eines Ereignisses steht und 1 für die Gewissheit seines Eintretens. Unwahrscheinliche Ereignisse haben eine niedrige Wahrscheinlichkeit: Wirft man eine Münze zehnmal hoch, dann ist die Chance, dass zehnmal Kopf hintereinander eintritt 1/1024 (1023 zu 1 dagegen). Andererseits haben wahrscheinliche Ereignisse eine hohe Wahrscheinlichkeit (und damit gute Chancen): Zieht man eine Karte aus einem Kartenstapel, dann ist die Chance, kein Pikass zu erhalten, 51/52 (oder 1 zu 51).

3-SEKUNDEN-ÜBERBLICK

Wahrscheinliche und unwahrscheinliche Ereignisse lassen sich als Verhältnis ausdrücken, in der Sprache der Buchmacher als Quote (Odds) und in der Mathematik als Wahrscheinlichkeit.

3-MINUTEN-REFLEXION

Buchmacher bieten oft bessere Quoten (und damit mehr Geld) für Ereignisse, die höchst unwahrscheinlich sind. Buchmacher verwenden daher das Wort „dagegen". Hohe Quoten bedeuten, dass ein Ereignis ziemlich unwahrscheinlich ist, daher sollte man vorsichtig sein, auf ein Pferd mit einer Quote von 40 zu 1 zu setzen, da niemand daran glaubt, dass es gewinnen kann. Es ist natürlich möglich, aber die Wahrscheinlichkeit eines Siegs beträgt 1/41. Andererseits sind niedrige Quoten wie 2 zu 3 dagegen hilfreich, um den Favoriten zu bestimmen (Siegwahrscheinlichkeit 3/5). Die Auszahlung wird gering sein, aber zumindest haben Sie Ihre Chance genutzt.

SIEHE AUCH
DAS GESETZ DER GROSSEN ZAHLEN
Seite 62

DER SPIELERFEHLSCHLUSS – DAS GESETZ DES DURCHSCHNITTS
Seite 64

ZUFÄLLIGKEIT
Seite 68

DER SATZ VON BAYES
Seite 70

3-SEKUNDEN-BIOGRAFIEN
PIERRE DE FERMAT
1607 – 1665

BLAISE PASCAL
1623 – 1662

CHRISTIAAN HUYGENS
1629 – 1695

ANDREI KOLMOGOROW
1903 – 1987

30-SEKUNDEN-TEXT
Richard Elwes

Wenn man einen Würfel wirft, ist die Wahrscheinlichkeit, eine gerade Zahl zu würfeln, 3/6, die Chancen liegen somit bei 1/1, man hat also drei Möglichkeiten zu verlieren und drei zu gewinnen.

1501
geboren am 24. September in Pavia

1520
Beginn des Studiums an der Universität von Pavia

1525
Abschluss mit dem Doktorgrad in Medizin an der Universität von Padua; Bewerbung am Kollegium der Mailänder Ärzte, wo er aber bis 1539 abgewiesen wird

1526
verfasst das *Liber de ludo aleae* (Das Buch der Glücksspiele), das postum 1663 veröffentlicht wird

1536
De malo recentiorum medicorum medendi usu libellus (Über schlechte medizinische Praxis) wird publiziert

1539
die mathematische Abhandlung *Practica arithmeticae et mensurandi singularis* erscheint

1545
sein Werk über Algebra mit dem Titel *Ars magna sive de regulis algebraicis* (Von der Großen Kunst oder Die algebraischen Regeln) wird herausgebracht

1545
erstellt das Horoskop für Jesus Christus, das in seinem Kommentar zu den vier astronomischen Büchern (Tetrabiblos) des Ptolemäus abgedruckt wird

1550
erfindet das Cardan-Gitter, das zur Verschlüsselung von Botschaften diente

1570
Anklage wegen Häresie

1570
sein Buch über Mechanik *Opus novum de proportionibus* wird gedruckt

1576
stirbt am 21. September in Rom

1576
kurz nach seinem Tod erscheint seine Autobiografie *De vita propria* (dt. 1914, Des Girolamo Cardano von Mailand eigene Lebensbeschreibung)

GEROLAMO CARDANO

Der italienische Mediziner, Mathema-, tiker, Physiker, Alchemist, Astrologe, Astronom und Erfinder Gerolamo Cardano war der Inbegriff des Renaissancegelehrten schlechthin, dem lediglich die Künste verschlossen blieben. Er verkörperte die dunkle Seite Leonardo da Vincis, ein Freund der Familie, mit dem er manchmal zusammenarbeitete. (Kritiker sagen, dass er Leonardo plagiierte.) Beide waren uneheliche Söhne von Rechtsanwälten und beide waren Ausnahmetalente, aber während Leonardo zu Ehren und Ruhm kam, machten ein unangenehmes Wesen und der Hang zur Besserwis-serei Cardanos Begabung zunichte, und obwohl er wegen seiner Geistesschärfe geschätzt wurde, gelang es ihm immer wieder, fast überall angefein-det zu werden.

Am Anfang seiner Laufbahn widmete er sich der Medizin. Er war ein ausgezeichneter Krankenhaus-arzt, den die Eliten seiner Zeit konsultierten, strafte seine Kollegen aber mit höchster Verachtung. Sein Umgang mit Patienten ließ zu wünschen übrig, sodass seine Arztpraxis in Sacco oft leer blieb, obgleich man ihn später mit Vesalius verglich und er Professor für Medizin an der Universität von Padua wurde, wo er promoviert hatte.

Er wandte sich dann der Mathematik zu, die ihn sein Vater gelehrt hatte, und verfasste zwei Bücher, von denen die *Ars Magna* aus dem Jahre 1545 ein Schlüsseltext der Renaissance ist, der Lösungen für kubische und quartische Gleichungen enthält (siehe Seiten 80-81). Aber wie so oft löste das Buch Kontroversen aus. Er hatte die Lösung für kubische Gleichungen von Niccolò Tartaglia erhalten und schwören müssen, dass er diese erst nach Ablauf

von sechs Jahren veröffentlichen würde. Da es Tartaglia aber nicht so genau mit der Wahrheit gehalten hatte, schritt Cardano weiter fort und ließ sein Werk schließlich drucken, worauf er sich den maßlosen Zorn sowohl Tartaglias als auch seiner vielen Feinde zuzog.

Im Jahr 1560 traf Cardano auf dem Höhepunkt seiner mittlerweile wiederaufgenommenen und erfolgreichen Tätigkeit als Mediziner ein nieder-schmetternder Schicksalsschlag. Sein ältester Sohn hatte seine Frau wegen Ehebruchs ermordet und wurde daraufhin angeklagt und hingerichtet. Der Tod seines Sohns richtete ihn persönlich zugrunde und ruinierte zudem seine Karriere. Nachdem er seine Professur in Padua verloren hatte, zog er nach Rom und wurde dort wegen Häresie mehrere Wochen in den Kerker geworfen, weil er das Horoskop für Jesus Christus erstellt hatte.

Sein widersprüchliches Dasein war geprägt von seiner Spielleidenschaft. Er war ein hervorragender Spieler und legte seine Erfahrungen vor allem im Würfelspiel im *Liber de ludo aleae* (Das Buch der Glücksspiele) nieder, das sich als Erstes mit der Wahrscheinlichkeit unter mathematischen Gesichts-punkten befasste. Einige Puristen rümpfen die Nase darüber, unter Spielern und Kasinobetreibern ist das Buch aber äußerst beliebt, da es unter anderem ein sehr gutes Kapitel über Spielbetrug enthält. Nach einem langen, produktiven, aber sehr chaotischen Leben starb Cardano am 21. September 1576. Man sagt, dass er seinen Tod bis auf die Stunde genau vorhergesagt habe, eine Prophezeiung, wie es weiter heißt, deren Erfüllung er allerdings nur auf Kosten eines Selbstmords unter Beweis habe stellen können.

DAS GESETZ DER GROSSEN ZAHLEN

Mathe in 30 Sekunden

Angenommen ein Zufallsexperiment lässt sich unter den gleichen Bedingungen so oft wie gewünscht wiederholen, zum Beispiel das Werfen eines Balls durch einen Basketballring oder das Hochwerfen einer Münze. Die Wahrscheinlichkeit, dass zehnmal hintereinander „Kopf" eintritt, ist eher gering, aber möglich. Wenn man jedoch diese Münze unendlich hochwirft, dann wird sich ein unwahrscheinliches Ereignis wie dieses von Zeit zu Zeit einstellen. Langfristig gesehen wird sich der Anteil eines Ereignisses, etwa „Kopf", der Wahrscheinlichkeit seines Eintretens stetig nähern. Das besagt das Gesetz der großen Zahlen, nämlich dass auf lange Sicht hin die Wahrscheinlichkeit, dass ein Ereignis eintritt, schließlich von der Häufigkeit seines Eintretens festgelegt wird. Das Gesetz der großen Zahlen ist aber nicht nur auf Zufallsereignisse beschränkt. Man stelle sich vor, dass man die Durchschnittsgröße von Frauen in Deutschland bestimmen möchte. Wenn man eine große Grundgesamtheit untersucht, dann gilt, dass je größer die Stichprobe ist, desto besser stellt der Stichprobenmittelwert den Mittelwert der Grundgesamtheit dar. Die Genauigkeit der Schätzung eines Mittelwerts steigt mit der Quadratwurzel der Stichprobengröße. Wenn das, was man messen möchte, eine höhere Varianz besitzen soll, braucht man für eine gute Schätzung eine größere Stichprobe. Aber dieses Gesetz gibt uns die Sicherheit, dass wenn man über ausreichend Daten verfügt, man immer einen so guten Schätzwert erhält, wie man ihn benötigt.

SIEHE AUCH

DER SPIELERFEHLSCHLUSS – DAS GESETZ DES DURCHSCHNITTS
Seite 64

3-SEKUNDEN-BIOGRAFIEN

JAKOB BERNOULLI
1654 – 1705

IRÉNÉE-JULES BIENAYMÉ
1796 – 1878

PAFNUTI LWOWITSCH TSCHEBYSCHEFF
1821 – 1894

ÉMILE BOREL
1871 – 1956

30-SEKUNDEN-TEXT
John Haigh

Wie hoch sind die Chancen, drei von zehn Körben zu werfen? Auf lange Sicht hin sind sie ziemlich gleich verteilt.

DER SPIELERFEHLSCHLUSS – DAS GESETZ DES DURCHSCHNITTS

Mathe in 30 Sekunden

Wenn in einer Folge von zehn Münzwürfen alle „Kopf" zeigen, dann ist man geneigt anzunehmen, dass sich beim nächsten Mal „Zahl" sehr viel wahrscheinlicher einstellen wird. Man behauptet dann, dass „dem Gesetz des Durchschnitts zufolge ‚Kopf' und ‚Zahl' gleich wahrscheinlich sind, also nun ‚Zahl' erscheinen muss." Das ist Nonsens: Egal, wie das vorhergehende Ergebnis gewesen sein mag, die Chancen auf „Kopf" oder „Zahl" bei Einsatz einer fairen Münze bleiben auch beim nächsten Mal unverändert, nämlich 50% „Kopf" und 50% „Zahl". Ebenso verhält es sich beim Roulette und in einer Lotterie: Die Tatsache, dass die Null beim Roulette seit 100 Runden nicht mehr eingetreten ist, erhöht keineswegs die Wahrscheinlichkeit, dass die Kugel beim nächsten Mal auf die Null fällt. In Italien wurde zwei Jahre lang in einer Lotterie nicht die Zahl 53 gezogen, was offenbar zu zahlreichen Insolvenzen und Selbstmorden führte. Münzen, Rouletteräder und Lottokugeln sind unbelebte Objekte ohne jede Fähigkeit, sich an vorherige Ergebnisse zu erinnern und ihre Häufigkeit entsprechend anzupassen. Häufigkeiten pendeln sich gemäß ihrer verschiedenen Wahrscheinlichkeiten langfristig gesehen ein, was tatsächlich eine sehr lange Zeitspanne bedeuten kann. Jedes ernstgemeinte „Gesetz des Durchschnitts" ist strenggenommen nichts anderes als eine Paraphrase des Gesetzes der großen Zahlen und lässt sich nicht für die Behauptung verwenden, dass vergangene Ergebnisse unmittelbar folgende beeinflussen.

3-SEKUNDEN-ÜBERBLICK
In Glücksspielen führt eine Strategie, die vorherige Ergebnisse benutzt, um auf zukünftige zu wetten, definitiv zu Verlusten.

3-MINUTEN-REFLEXION
Egal, ob man Münzen oder Würfel wirft oder Roulette spielt, bei jedem Versuch sind alle möglichen Ergebnisse gleich wahrscheinlich. Es treten aber auch unwahrscheinliche Ereignisse ein: zehnmal „Kopf" in einer Folge, zwölfmal hintereinander eine „7" werfen, keine Zahl über „30" in 20 Rouletterunden und so weiter. Es gibt so viele „seltsame" Dinge, die geschehen können, dass einige sich ereignen müssen. Aber vergangene Ereignisse können keinesfalls zukünftige Ergebnisse beeinflussen oder unsere Vorhersage, dass sie eintreten.

SIEHE AUCH
DAS GESETZ DER GROSSEN ZAHLEN
Seite 62
DER SPIELERFEHLSCHLUSS – VERDOPPELN
Seite 66

3-SEKUNDEN-BIOGRAFIE
GEROLAMO CARDANO
1501 – 1576

30-SEKUNDEN-TEXT
John Haigh

Jedes Mal, wenn man eine Münze wirft, sind die Chancen auf „Kopf" oder „Zahl" immer gleich, selbst wenn „Kopf" oder „Zahl" in einer Folge mehrmals eintritt.

DER SPIELERFEHLSCHLUSS – VERDOPPELN

Mathe in 30 Sekunden

Ein europäisches Rouletterad hat 37
Fächer, davon 18 rote, 18 schwarze und ein grünes
(0). Bei Wetten auf Rot oder Schwarz wird ein
Gewinn in Höhe des Einsatzes ausbezahlt (1:1). Ein
Spieler beschließt, immer auf Rot zu wetten und den
Einsatz nach einem Verlust zu verdoppeln. Da die
Chance, dass Rot bei jedem Drehen des Rads
eintritt, ungleich null ist, wird Rot irgendwann
zwangsläufig erscheinen. Angenommen Rot ereignet
sich beim vierten Versuch, dann hat der Spieler
zunächst Verluste in Höhe von 1, 2 und 4 (insgesamt 7) und einen Gewinn von 8, was zu einem
Nettogewinn von einer Einheit führt. Dieser Gewinn
von einer Einheit entsteht immer, egal, wie lange es
dauert, bis sich Rot zum ersten Mal einstellt. Der
Spieler behauptet, dass er unweigerlich jedes Mal
eine Einheit gewinnt, wenn die Kugel auf Rot fällt.
Leider liegt der Spieler hier falsch. Alle Kasinos legen
einen Höchsteinsatz fest, der für gewöhnlich das
Hundertfache des Mindesteinsatzes beträgt. Nach
sieben Niederlagen in Höhe von 1, 2, 4, 8, 16, 32, 63
(insgesamt 127) ist Kasinoregeln zufolge der nächste
Einsatz von 128 nicht mehr zulässig, selbst wenn
der Spieler das benötigte Kapital hat, um das Spiel
zu machen. Der Spieler könnte dieses System
benutzen, um mehrmals eine Einheit zu gewinnen,
aber irgendwann und unvermeidbar wird die Höhe
des Wetteinsatzes, den sein System erfordert, nicht
erlaubt sein – seine Verluste werden seine Gewinne
um einiges übersteigen.

3-SEKUNDEN-ÜBERBLICK
Beim Roulette führt eine
Strategie bei Wetten auf Rot/
Schwarz zu Verlusten, wenn
nach jeder Niederlage der
Einsatz verdoppelt wird.

3-MINUTEN-REFLEXION
Amerikanische Rouletteräder
haben zusätzlich zur grünen
Null noch eine Doppel-Null,
aber die Auszahlungsbeträge
sind gleich. In beiden Fällen ist
der Bankvorteil bei jeder
Wette zwar gering, aber real.
Es besteht keine Möglichkeit,
diesen Vorteil zu überwinden,
etwa indem verschiedene
Wetten in einem Spiel kombi-
niert oder Wetten auf unterschiedliche Runden verteilt
werden. Wenn das Rouletterad
nicht manipuliert ist und alle
Ergebnisse jedes Mal zufällig
sind sowie ein Höchstbetrag
festgelegt ist, wird ein Spieler
langfristig gesehen verlieren.

SIEHE AUCH
DAS GESETZ DER GROSSEN
ZAHLEN
Seite 62

DER SPIELERFEHLSCHLUSS –
DAS GESETZ DES DURCH-
SCHNITTS
Seite 64

3-SEKUNDEN-BIOGRAFIE
GEROLAMO CARDANO
1501 – 1576

30-SEKUNDEN-TEXT
John Haigh

*Wetten Sie niemals auf
Verdopplung Ihrer
Einsätze – es ist ein
Verlustspiel.*

ZUFÄLLIGKEIT

Mathe in 30 Sekunden

Man stelle sich zwei lange Folgen von „Kopf" (K) und „Zahl" (Z) vor, von denen jede mit KKZKZK... beginnt. Eine ist „echt" zufällig und das Ergebnis eines wiederholten Werfens einer fairen Münze, während die andere sorgfältig durch ein menschliches Wesen ausgewählt wurde. Gibt es irgendeine Möglichkeit, festzustellen, wie die jeweilige Folge entstanden ist? Ein einfacher Test kann zeigen, dass langfristig gesehen „Kopf" und „Zahl" gleich häufig in einer Zufallsfolge eintreten sollten. Allerdings reicht das alleine noch nicht aus. Darüber hinaus sollte sich jedes einzelne Paar (KK, KZ, ZK und ZZ) im Durchschnitt ebenso gleich häufig ergeben wie jedes andere mögliche Paar. Das Gleiche gilt auch für jedes Tripel, jedes Quadrupel oder jede längere Folge. Aber selbst all das ist nicht hinreichend, da es immer noch möglich ist, diese Bedingungen auch künstlich zu erfüllen. Die einfachste Folge lautet KKKKKK..., die ganz offensichtlich nicht zufällig ist. Allerdings besitzt sie noch eine weitere Eigenschaft, dass sie sich nämlich einfach komprimieren lässt. Der sprachliche Ausdruck „eine Million mal ‚Kopf'" beschreibt diese Folge prägnant und ermöglicht es jedem, sie zu kommunizieren und mit absoluter Genauigkeit zu reproduzieren. „Echte" Zufallsfolgen lassen sich überhaupt nicht komprimieren. Die einzige Art, jemandem eine Zufallsfolge zu übermitteln, besteht darin, sie vollständig aufzuschreiben. Es ist eine wichtige, erst kürzlich gemachte Entdeckung, dass Zufälligkeit und Inkompressibilität im Wesentlichen ein und dieselbe Sache sind.

3-SEKUNDEN-ÜBERBLICK

Zufälligkeit ist für die Wissenschaft unverzichtbar, aber mathematisch nur schwer zu ermitteln.

3-MINUTEN-REFLEXION

Das Internet beruht auf Binärfolgen, langen Sequenzen von 0 und 1, die Computer in all die Programme und Daten übersetzen, die wir nutzen möchten. Um eine höchstmögliche Effizienz zu erzielen, sollten diese Folgen mithilfe von Software zur Datenkompression so stark wie möglich komprimiert werden. Wenn eine Folge komprimiert worden ist, indem jedes vorhersagbare oder sich wiederholende Muster entfernt wurde, dann wird sie ununterscheidbar von einer reinen Zufallsfolge. Perfekt komprimierte Informationen sind daher mathematisch gesehen identisch mit Zufälligkeit.

SIEHE AUCH

DAS GESETZ DER GROSSEN ZAHLEN
Seite 62

DER SATZ VON BAYES
Seite 70

ALGORITHMEN
Seite 84

GÖDELS UNVOLLSTÄNDIGKEITSSATZ
Seite 144

3-SEKUNDEN-BIOGRAFIEN

ÉMILE BOREL
1871 – 1956

ANDREI KOLMOGOROW
1903 – 1987

RAY SOLOMONOFF
1926 – 2009

GREGORY CHAITIN
geb. 1947

LEONID LEVIN
geb. 1948

30-SEKUNDEN-TEXT
Richard Elwes

Welche Folge ist zufällig? Selbst Mathematiker können das nicht beantworten.

DER SATZ VON BAYES

Mathe in 30 Sekunden

Angenommen ein Test zur Diagnose
einer Erkrankung hat eine Genauigkeit von 90
Prozent. Lassen Sie uns weiter annehmen, dass eine
zufällig ausgesuchte Person namens Bob positiv
getestet wird. Wie hoch ist die Wahrscheinlichkeit,
dass Bob tatsächlich erkrankt ist? Es stellt sich
heraus, dass Sie die Frage nicht ohne Weiteres
beantworten können, weil Ihnen noch eine Zusatzin-
formation fehlt, nämlich wie weit verbreitet die
Krankheit ist. Anders ausgedrückt müssen Sie die
A-priori-Wahrscheinlichkeit kennen, damit Sie
einschätzen können, ob eine zufällig ausgewählte
Person an der Krankheit leidet. Lassen Sie uns den
Anteil von Personen, die von der Krankheit betroffen
sind, mit 1 Prozent der Gesamtbevölkerung festsetzen. Der Satz von Bayes sagt nun, wie man die
Wahrscheinlichkeit einer Erkrankung bei einem
positiven Testergebnis bestimmen kann. In einer
Gruppe von 1000 Personen haben durchschnittlich
10 die Krankheit (1%) und 9 davon werden positiv
getestet („richtig positiv"). Die restlichen 990
Personen haben die Krankheit nicht und bei 10%
davon (oder 99 Personen) fällt der Test dennoch
positiv aus („falsch positiv"). Das Verhältnis der
falsch-positiv Getesteten zur Anzahl der richtig-
positiv Getesteten beträgt 99:9, sodass die Chancen
Bobs auf eine Erkrankung bei 11:1 dagegen liegen.
Ein unwahrscheinliches Ereignis bleibt somit
unwahrscheinlich trotz der Anhaltspunkte, die ein
genauer Test liefert.

3-SEKUNDEN-ÜBERBLICK
Der Satz von Bayes ist hilfreich,
um die Wahrscheinlichkeit
eines Ereignisses bei gegebenen Messungen zu bestimmen,
aber nur dann, wenn die
A-priori-Wahrscheinlichkeit
eines Ereignisses bekannt ist.

3-MINUTEN-REFLEXION
Der Satz von Bayes ist nach
dem presbyterianischen Pfar-
rer Thomas Bayes benannt, der
im 18. Jahrhundert in England
lebte. Seine Arbeit über das
Thema wurde erst mehrere
Jahre nach seinem Tod veröffentlicht. Der Satz von Bayes
wirft philosophische Fragen
über das eigentliche Wesen
der Wahrscheinlichkeit auf.
Insbesondere die Tatsache,
dass im Satz von Bayes die
A-priori-Wahrscheinlichkeit in
Erscheinung tritt, legt nahe,
dass man Ereignissen nur
sinnvoll Wahrscheinlichkeiten
zuordnen kann, wenn man
zuvor wiederholte Versuche
durchgeführt hat, um die
Häufigkeit eines Ereignisses
zu bestimmen.

SIEHE AUCH
DIE WAHRSCHEINLICHKEITS-
THEORIE
Seite 58
DER SPIELERFEHLSCHLUSS –
DAS GESETZ DES DURCH-
SCHNITTS
Seite 64
ZUFÄLLIGKEIT
Seite 68

3-SEKUNDEN-BIOGRAFIE
THOMAS BAYES
um 1702 – 1761

30-SEKUNDEN-TEXT
Jamie Pommersheim

*Die Chance, dass ein
Ereignis eintritt, ist das
Verhältnis der Anzahl
richtig-positiver Ergebnisse (9) zur Anzahl falsch-
positiver Ergebnisse (99).*

ALGEBRA & ABSTRAKTION

Algebraische Geometrie Teilgebiet der Mathematik, das die Algebra mit der Geometrie verbindet und sich mit dem Studium geometrischer Objekte befasst, die sich als Graphen aus Lösungen algebraischer polynomialer Gleichungen beschreiben lassen.

Assoziativ Eine Eigenschaft bei der Verknüpfung von Zahlen dergestalt, dass wenn ein Ausdruck die zwei- oder mehrmalige Anwendung einer Rechenoperation erfordert, es dabei unerheblich ist, in welcher Reihenfolge die Operation ausgeführt wird. Die Multiplikation von Zahlen beispielsweise ist assoziativ, da $(a \times b) \times c = a \times (b \times c)$ ist.

Differentialgleichung Eine Gleichung, die eine unbekannte Funktion und einige ihrer Ableitungen enthält. Differentialgleichungen sind ein wichtiges Werkzeug, das Wissenschaftler zur Modellierung physikalischer und mechanischer Prozesse in der Physik und im Ingenieurwesen einsetzen.

Eigenschaft Ein Kennzeichen oder Merkmal, das einem Objekt zugeschrieben werden kann. Eigenschaften müssen nicht physikalischer Natur sein; die Zahlen 2, 4, 6, 8 z. B. haben die gemeinsame Eigenschaft, dass jede eine gerade Zahl ist.

Exponent Die Hochzahl beim Potenzieren, die angibt, wie oft die Basis (Grundzahl) mit sich selbst multipliziert wird. Im Ausdruck $4^3 = 64$ ist 3 der Exponent und 4 die Basis.

Ganze Zahl Jede natürliche Zahl (die Zählzahlen 1, 2, 3, 4, 5 und so weiter), die Zahl 0 und die negativen natürlichen Zahlen.

Koeffizient Eine Zahl, die benutzt wird, um eine Variable zu multiplizieren; im Ausdruck $4x = 8$ ist 4 der Koeffizient, x die Variable. Obwohl üblicherweise Zahlen als Koeffizienten verwendet werden, können aber auch Symbole wie a an ihre Stelle gesetzt werden. Koeffizienten ohne Variable nennt man konstante Koeffizienten oder konstante Terme.

Kommutativ Eine Eigenschaft bei der Verknüpfung von Zahlen dergestalt, dass wenn die Reihenfolge der Elemente vertauscht wird, das Ergebnis gleich bleibt. Die Multiplikation von Zahlen ist kommutativ, weil $3 \times 5 = 5 \times 3$ ist.

Konstante Eine Zahl, ein Buchstabe oder Symbol, die für sich allein einen feststehenden Wert darstellen. In der Gleichung $3x - 8 = 4$ beispielsweise ist 3 der Koeffizient, x die Variable, während 8 und 4 die Konstanten sind.

Neutrales Element Ein Element in einer Menge, das bei der Verknüpfung mit einem anderen Element in einer binären Operation dazu führt, dass das zweite Element unverändert bleibt. In der Menge der positiven ganzen Zahlen zum Beispiel ist 0 das neutrale Element der Addition. In der gleichen Menge ist 1 das neutrale Element der Multiplikation.

Operation Jede Zusammenfassung formaler Regeln, die für jeden Eingabewert oder jede Menge von Werten einen neuen Wert erzeugt. Die vier häufigsten angewandten Operationen in der Arithmetik sind die Addition, die Multiplikation, die Subtraktion und die Division.

Polynom Ein Ausdruck, der Zahlen und Variablen benutzt und nur die Operationen von Addition, Multiplikation und positiven ganzzahligen Exponenten, z. B. x^2, zulässt. (Siehe auch *Polynomiale Gleichungen*, Seite 80.)

Quintische Gleichung Polynomiale Gleichung, in der der höchste vorkommende Exponent einer Variable 5 ist.

Reelle Zahl Jede Zahl, die eine Größe auf einer Zahlengeraden ausdrückt. Die reellen Zahlen enthalten alle rationalen Zahlen (das heißt, Zahlen, die als Bruch ganzer Zahlen dargestellt werden können einschließlich der positiven und negativen ganzen Zahlen und der periodischen oder abbrechenden Dezimalzahlen), die irrationalen Zahlen (die Zahlen, die sich nicht als gemeine Brüche schreiben lassen, wie etwa $\sqrt{2}$) und die transzendenten Zahlen (wie π).

Schnittmenge In der Mengenlehre der Name für eine Menge, die nur die Elemente enthält, die zwei oder mehrere Mengen gemeinsam haben. Gegeben seien zum Beispiel zwei Mengen A und B, die Schnittmenge beschreibt dann die Menge der Objekte, die sowohl zu A als auch zu B gehören.

Term Eine einzelne Zahl oder Variable oder eine Verbindung von Zahlen und Variablen, die durch eine Operation, wie zum Beispiel $+$ oder $-$, voneinander getrennt werden, um einen Ausdruck zu bilden. In der Gleichung $4x + y^2 - 34 = 9$ beispielsweise sind $4x$, y^2 und 34 Terme.

Umkehroperation Eine Rechenoperation, die das Ergebnis einer anderen Operation umkehrt. Die Addition ist zum Beispiel die Umkehroperation der Subtraktion und die Subtraktion die der Addition, während die Multiplikation die Umkehroperation der Division darstellt und die Division die der Multiplikation.

Unvollständigkeitssatz Lehrsatz, den Kurt Gödel formulierte und in dem er darlegt, dass jedes System mathematischer Regeln, das die Regeln der Arithmetik einschließt, nicht vollständig sein kann. Das heißt, dass es immer den Fall geben wird, dass mathematische Aussagen durch die alleinige Anwendung der Regeln des Systems weder bewiesen noch widerlegt werden können.

Variable Eine Größe, die ihren Zahlenwert verändern kann. Variablen werden oft als Buchstaben geschrieben, wie zum Beispiel x oder y, und als Platzhalter in Ausdrücken oder Gleichungen benutzt wie in $3x = 6$, wobei 3 der Koeffizient ist, x die Veränderliche und 6 die Konstante.

VARIABLEN (PLATZHALTER)

Mathe in 30 Sekunden

3-SEKUNDEN-ÜBERBLICK
In der Algebra werden Symbole wie x und y benutzt, um unbekannte Zahlen oder Größen darzustellen, deren Werte veränderlich sein können.

3-MINUTEN-REFLEXION
Innerhalb der Mathematik ermöglicht es die Algebra, allgemeingültige Rechengesetze zu formulieren. Man beginne beispielsweise mit den Zahlen 4 und 5 und multipliziere jede mit einer dritten Zahl, der 3, dann erhält man 12 und 15. Nun addiere man die Ergebnisse, was 27 ergibt. Zum gleichen Ergebnis führt das Addieren der beiden ursprünglichen Zahlen (4 + 5 = 9) und das anschließende Multiplizieren mit der dritten Zahl (9 × 3 = 27). Das gilt für jede von drei beliebigen Anfangszahlen. Dieses Gesetz lässt sich algebraisch so darstellen: $(x + y) z = xz + yz$.

Wissenschaftler erörtern ständig Zahlen, wobei sie deren genauen Wert allerdings häufig nicht festsetzen wollen. Nehmen wir beispielsweise an, man möchte darstellen, dass sich in einem bestimmten Raum zweimal so viele Frauen wie Männer aufhalten. Es ist nun möglich, dieses Verhältnis zwischen den beiden Zahlen auszudrücken, ohne deren Werte zu kennen, indem man einen Platzhalter wie x verwendet. Wenn die (bislang unbekannte) Anzahl an Männern im Raum x ist, dann ist die Anzahl an Frauen 2-mal x (übliche Abkürzung $2x$). Legen wir anschließend fest, dass beispielsweise $x = 7$ ist, dann können wir diesen Wert einsetzen, um die Anzahl an Frauen zu erhalten: $2x = 14$. Dieser abstrakte algebraische Ansatz wird in der gesamten Wissenschaft benutzt. Wenn sich ein Auto mit einer konstanten Geschwindigkeit v über eine Strecke s in der Zeit t bewegt, dann muss es zwischen den Zahlen v, s, t ein bestimmtes Verhältnis geben, egal, wie die genauen Werte sind. Die Geschwindigkeit muss nämlich gleich der Wegstrecke geteilt durch die Zeit sein, also $v = s/t$. Das ist ein allgemeines Gesetz, aber setzt man nun Zahlenwerte ein, dann lassen sich auch spezifische Fälle berechnen. Wenn man zwei beliebige Werte herausfindet (wie zum Beispiel $s = 10$ und $t = 2$), dann kann man die Formel anwenden und den dritten Wert bestimmen ($v = 10/2 = 5$).

SIEHE AUCH
GLEICHUNGEN
Seite 78

POLYNOMIALE GLEICHUNGEN
Seite 80

3-SEKUNDEN-BIOGRAFIEN
DIOPHANT VON ALEXANDRIEN
um 200 – um 284

ABU ABDULLAH MUHAMMAD IBN MUSA AL-KHWARIZMI
um 780 – um 850

ABU KAMIL SHUJA
um 850 – 930

OMAR KHAYYAM
1048 – 1131

BHASKARA II
1114 – 1185

30-SEKUNDEN-TEXT
Richard Elwes

In der Algebra markiert x die Stelle, an der eine unbekannte Zahl vorkommt.

GLEICHUNGEN

Mathe in 30 Sekunden

3-SEKUNDEN-ÜBERBLICK
Immer dann, wenn zwei Größen als gleich dargestellt
werden, liegt eine Gleichung
vor. Die meisten wissenschaftlichen Aussagen werden in
dieser Form ausgedrückt.

3-MINUTEN-REFLEXION
Gleichungen dienen nicht
nur dazu, um darzustellen,
dass Zahlenwerte gleich sind,
sondern behandeln auch viel
anspruchsvollere Objekte.
„Differentialgleichungen"
drücken aus, dass zwei
unterschiedliche geometrische
Größen tatsächlich gleich sind.
Einsteins „Feldgleichung" in
der Allgemeinen Relativitätstheorie besagt, dass die Art
und Weise, wie sich Materie
in einem Gebiet der Raumzeit
bewegt, gleich derjenigen ist,
wie die Raumzeit gekrümmt
ist. Das Lösen dieser Gleichung
bildet die Voraussetzung zum
Verständnis der Geometrie des
Universums.

Das wichtigste Symbol in der Mathe-
matik ist das Gleichheitszeichen („="). Es bekräftigt,
dass zwei Größen auf jeder Seite gleich sind. Eine
Gleichung ist jede Aussage dieser Form. Eindeutige
Gleichungen wie $7 = 7$ sind natürlich nicht besonders aufregend. Allerdings können Gleichungen sehr
interessant sein, wenn die Gleichheit weniger
offensichtlich ist. Ein berühmtes Beispiel ist $E = mc^2$,
die Gleichung in der Physik, die besagt, dass der
Energiegehalt (E) eines Körpers gleich seiner Masse
(m) ist, multipliziert mit dem Quadrat der Lichtge-
schwindigkeit (c). Viele physikalische Gesetze werden
in Form von Gleichungen ausgedrückt. Ein häufiger
Gleichungstyp schließt eine unbekannte Zahl ein.
Wenn x eine Zahl ist, sodass $2x + 1 = 9$ ergibt,
also „2-mal x plus 1 gleich neun", dann enthält diese
Gleichung genügend Informationen, um x genau zu
bestimmen. Es gibt nur einen einzigen möglichen
Wert von x, falls die Gleichung wahr ist. Die
Hauptregel bei jeder Gleichung lautet, dass man
„immer auf beiden Seiten das Gleiche durchführen
muss, damit die Gleichung wahr bleibt". Wenn man
also 1 auf einer Seite subtrahieren möchte, dann
muss man es auf beiden Seiten ausführen: $2x = 8$.
Das gilt genauso, wenn man auf einer Seite durch 2
teilen möchte, dann muss man es auf beiden Seiten
machen: $x = 4$. Das ist nun die „Lösung" der
ursprünglichen Gleichung.

SIEHE AUCH
DIE INFINITESIMALRECHNUNG
Seite 50

VARIABLEN (PLATZHALTER)
Seite 76

POLYNOMIALE GLEICHUNGEN
Seite 80

3-SEKUNDEN-BIOGRAFIEN
EUKLID
um 300 v. Chr.

DIOPHANT VON ALEXANDRIEN
um 200 – um 284

ABU ABDULLAH MUHAMMAD
IBN MUSA AL-KHWARIZMI
um 780 – um 850

ABU BAKR MUHAMMAD IBN
AL-HUSAIN AL-KARADSCHI
um 953 – um 1029

ALBERT EINSTEIN
1879 – 1955

30-SEKUNDEN-TEXT
Richard Elwes

*Da alle Dinge gleich sind,
ist die Wissenschaft auf
Gleichungen aufgebaut,
vom Rechnen im Kinder-
garten bis hin zur
Relativitätstheorie.*

$$\begin{cases} R > 0 \\ h > 0 \end{cases} \quad \begin{array}{l} R > 0 \\ \end{array} \quad \pi \times R^2 \times h \qquad S = f(x, S, a, b$$

$$S = 2 \times \pi \times R \frac{V}{\pi R^2} \qquad x = 4$$

$$S = 2 \times \pi \times R + \pi R^2 \qquad S_0 = 0$$

$$(a+b)x^2$$

$$R = \sqrt[3]{\frac{V}{\pi}}, \quad R = \sqrt[3]{\frac{100}{3,14}} = 3,17 \qquad P = m \times$$

$$x + b)x^2 - 4\alpha(\alpha+b)x + (4a^3 + 4a^2 b)$$

$$= \frac{\alpha \times S_1 + (a+b) \times (x^2 + 4a^2)}{(4a^3 + 4a^2)} \qquad (x, S,$$

$$(E = mc^2)$$

$$\begin{cases} \\ h > 0 \end{cases} \pi R^2 \quad V = \pi \times R \times h \quad \pi \times R = 4$$

$$R = \sqrt[3]{\frac{100}{3,14}} = 3,1 \quad S_0 = 0$$

$$S = 2 \times \pi \times R + \qquad R > 0$$

$$R = \sqrt[3]{\frac{V}{\pi}}, \quad S = 2 \times \pi \times R \frac{V}{\pi R^2} \quad P = m$$

$$\pi R^2$$

$$x + b)x^2 - 4\alpha(\alpha+b)x + (4a^3 + 4a^2 b)$$

$$S_0' = -2a \times S_1 + (a+b) \times (x^2 + 4a^2)$$

POLYNOMIALE GLEICHUNGEN

Mathe in 30 Sekunden

Schüler weiterführender Schulen lernen,

Gleichungen wie $3x^2 + 5x - 1 = 0$ zu lösen. Dies ist ein Beispiel für eine polynomiale Gleichung, die eine Summe von Termen enthält (zum Beispiel $3x^2$), von denen einer eine Variable ist (zum Beispiel x), die mit einem positiven und ganzzahligen Exponenten (zum Beispiel $3x^2$) potenziert wird (in diesem Fall 2). Die Gleichung oben nennt man eine quadratische Gleichung oder Gleichung zweiten Grades, weil der höchste Exponent 2 ist. Schwierigere Operationen, die rationale Exponenten, trigonometrische Funktionen oder Exponentialfunktionen beinhalten, sind bei einem Polynom nicht zulässig, und deshalb zählen Polynome zu den einfachsten aller Gleichungen. Methoden zur Lösung quadratischer Gleichungen (das Finden von Werten, die die Gleichung erfüllen) wurden bereits im Altertum in verschiedenen Teilen der Welt entdeckt. Den Höhepunkt der Bemühungen bildeten die so genannte „Mitternachtsformel" (auch „a-b-c-Formel") oder die p-q-Formel, die es einfach machen, genaue Lösungen zu finden. Exakte Lösungen für kubische Gleichungen (Gleichungen dritten Grades, weil der höchste Exponent 3 ist) und quartische Gleichungen (Gleichungen vierten Grades) mussten bis zum 16. Jahrhundert warten, ehe italienische Mathematiker Formeln wie die „Mitternachtsformel" ermittelten, die allerdings komplizierter sind. Die Suche nach einer Lösungsformel für quintische Gleichungen (Gleichungen fünften Grades) endete mehr als zwei Jahrhunderte später, als Niels Abel eines der ersten großen negativen Ergebnisse in der Mathematik bewies, dass nämlich keine allgemeingültige Lösungsformel für polynomiale Gleichungen fünften oder höheren Grades existiert.

3-SEKUNDEN-ÜBERBLICK
Polynome sind die Ausdrücke, die man erhält, wenn man Zahlen und Variablen benutzt, und die nur Operationen von Addition, Multiplikation und positiven ganzzahligen Exponenten, wie beispielsweise x^2, zulassen.

3-MINUTEN-REFLEXION
Da quadratische Gleichungen auf der Geometrie beruhen, haben die Griechen in der Antike solche Gleichungen gelöst, indem sie mittels Lineal und Zirkel sich schneidende Geraden und Kreise konstruierten. Mit den Formen, die in der Geometrie durch polynomiale Gleichungen mit mehr als einer Variablen bestimmt werden, befasst sich die *algebraische Geometrie*. In der Wissenschaft wird der Paraboloid, der durch die polynomiale Gleichung mit 3 Variablen $z = x^2 + y^2$ beschrieben wird, aufgrund seiner nützlichen Form als Parabolantenne zur Satellitenkommunikation und als Parabolscheinwerfer bei Fahrzeugen verwendet.

SIEHE AUCH
RATIONALE & IRRATIONALE ZAHLEN
Seite 16

FUNKTIONEN
Seite 46

VARIABLEN (PLATZHALTER)
Seite 76

3-SEKUNDEN-BIOGRAFIEN
NICCOLÒ FONTANA („TARTAGLIA")
1500 – 1557

GEROLAMO CARDANO
1501 – 1576

NIELS HENRIK ABEL
1802 – 1829

ÉVARISTE GALOIS
1811 – 1832

30-SEKUNDEN-TEXT
Jamie Pommersheim

Polynomiale Gleichungen erzeugen wunderbare dreidimensionale Formen.

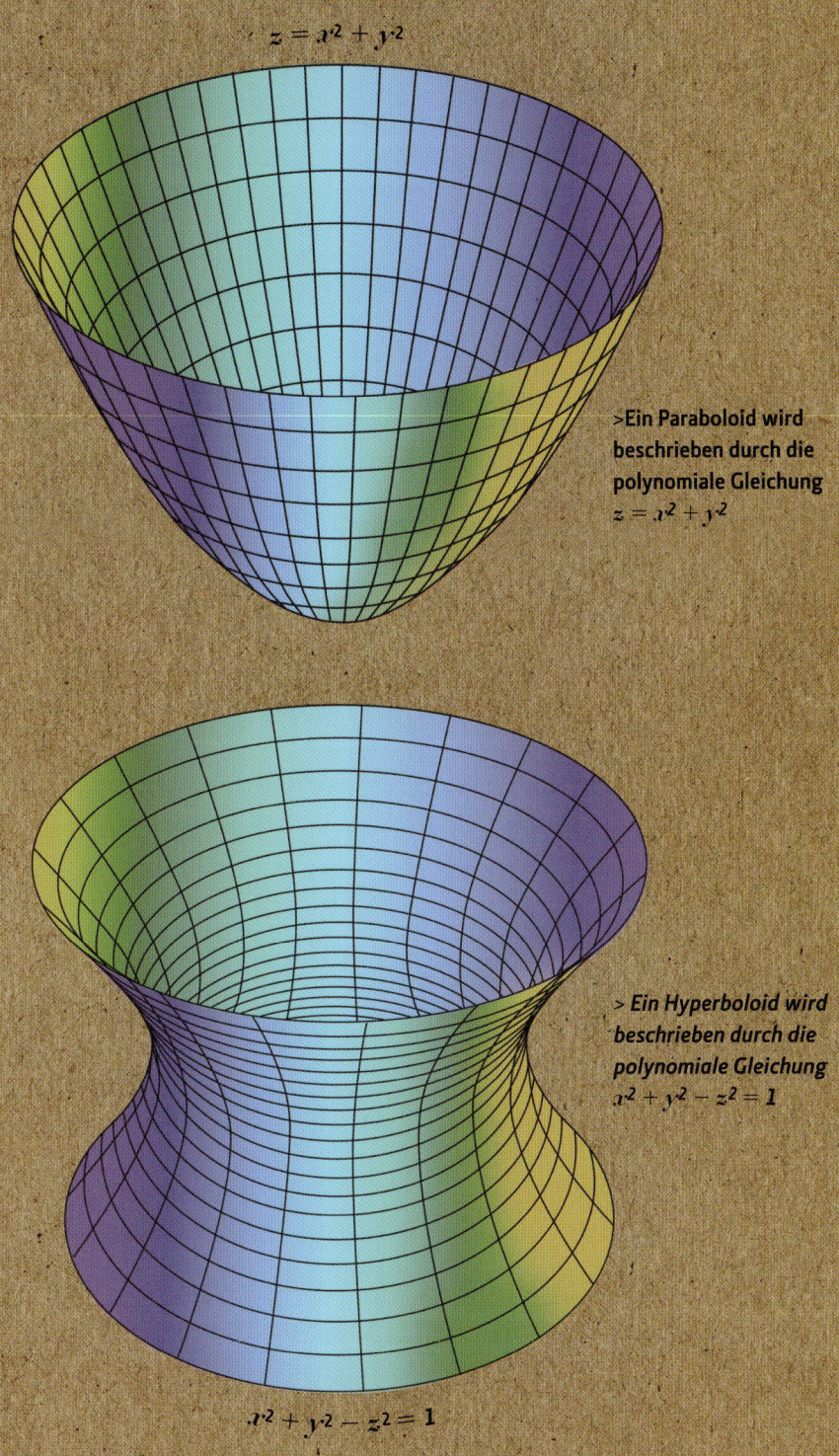

$z = x^2 + y^2$

>Ein Paraboloid wird
beschrieben durch die
polynomiale Gleichung
$z = x^2 + y^2$

> Ein Hyperboloid wird
beschrieben durch die
polynomiale Gleichung
$x^2 + y^2 - z^2 = 1$

$x^2 + y^2 - z^2 = 1$

um 770 – 780
geboren in Khwarizm, einem Ort im heutigen Usbekistan

825
verfasst sein Werk *Über das Rechnen mit indischen Zahlzeichen* (die arabische Urfassung ist verlorengegangen)

um 830
beendet die Arbeiten an seinem Buch *Kitab al-mukhtasar fi hisab al-jabr wa'l-muqabala* (Das kurzgefasste Buch über die Rechenverfahren durch Ergänzen und Ausgleichen)

830
zeichnet die erste Karte der damals bekannten Welt

um 850
stirbt

Mitte 12. Jahrhundert
Robert von Chester übersetzt Al-Khwarizmis *Das kurzgefasste Buch über die Rechenverfahren* unter dem Titel *Ludus algebrae almucgrabala-eque* ins Lateinische

1126
Adelard von Bath überträgt Al-Khwarizmis astronomisches Tafelwerk *Zij al-Sindhind* (Astronomische Tabellen von Sindhind) ins Lateinische

12. Jahrhundert
Adelard von Bath verfertigt die lateinische Übersetzung von Al-Khwarizmis *Über das Rechnen mit indischen Zahlzeichen* (Liber algorismi de numero indorum)

1857
der italienische Adlige Baldassarre Boncompagni veröffentlicht Al-Khwarizmis *Über das Rechnen mit indischen Zahlzeichen* unter dem Titel *Algoritmi de numero indorum*

ABU ABDULLAH MUHAMMAD IBN MUSA AL-KHWARIZMI

Abu Abdullah Muhammad ibn Musa al-Khwarizmi war einer der größten Gelehrten der islamischen Welt, dessen wichtigsten Werke vier Jahrhunderte nach seinem Tod ins Lateinische übertragen wurden und anschließend die Grundlage mathematischer Studien in Europa bildeten. Über sein Leben ist nur wenig bekannt. Seine Familie, die ursprünglich aus Choresmien (heutiges Usbekistan und Turkestan) stammte, lebte in Bagdad (einem arabischen Kalifat seit Mitte des siebten Jahrhunderts), wo Al-Khwarizmi zum Gelehrten im Haus der Weisheit (Bait al-Hikma) des Kalifen Al-Ma'mun heranreifte, einer Stätte des Lernens, die als Bibliothek und Übersetzungsinstitut eines der intellektuellen Zentren während des Goldenen Zeitalters des Islams war. Hier studierte er ins Griechische und in Sanskrit übersetzte wissenschaftliche Texte sowie die Werke von babylonischen und persischen Gelehrten. Obwohl er ein ausgezeichneter Astronom, Geograf und Kartograf war (er überarbeitete und revidierte den Geografieatlas des Ptolemäus [*Geographike Hyphegesis*] und trieb siebzig Geografen an, eine Weltkarte für den Kalifen zu erstellen), leistete Al-Khwarizmi seine bedeutendsten und wertvollsten Beiträge in der Mathematik, insbesondere in der Algebra, der Arithmetik und der Trigonometrie. Er übernahm Techniken, Methoden und Konzepte aus Indien und weiter östlich gelegenen Landstrichen und fügte eigene Neuerungen und Verbesserungen hinzu.

Es ist Al-Khwarizmis Verdienst, dass er nicht nur die indischen Zahlzeichen einschließlich der Null nach Europa gebracht hat (was er indischen Mathematikern verdankte, wie aus dem Titel seines 825 verfassten Werks *Über das Rechnen mit indischen Zahlzeichen* deutlich hervorgeht), sondern im Westen auch die arabischen Ziffern, Brüche und das dezimale Stellenwertsystem eingeführt hat. Er wird oft als „Vater der Algebra" bezeichnet, obwohl er auch in diesem Fall eine Synthese aus bereits vorhandenem Wissen und eigenen Methoden vornahm. Das Wort „Algebra" leitet sich von „al-jabre" her, was eine der beiden Operationen im arabischen Titel seines wichtigsten Werks *Das kurzgefasste Buch über die Rechenverfahren durch Ergänzen und Ausgleichen* beschreibt, das den ersten systematischen Abriss zur Lösung linearer und quadratischer Gleichungen bot. Das Buch war eine Auftragsarbeit des Kalifen und sollte ein praktischer und zugänglicher Leitfaden mit Beispielen aus der echten Welt sein und Lösungen für Probleme im Handel und Geschäftsleben enthalten.

Als Al-Khwarizmis Werke im 12. Jahrhundert ins Lateinische übersetzt wurden, da eroberte die Mathematik eine neue Welt. Heute erinnern noch der Begriff Algorithmus, der auf die lateinische Form seines Namens „Algoritmi" zurückgeht, und ein Krater auf der Mondrückseite, der nach ihm benannt ist, an den großen Denker.

ALGORITHMEN

Mathe in 30 Sekunden

Die Informationsrevolution des 20. Jahrhunderts war geprägt vom Aufstieg des Computers. Allerdings sind Computer nichts ohne ihre Programme und nicht mehr als die Realisierung mathematischer Objekte, die man Algorithmen nennt. Ein Algorithmus ist nicht komplex, sondern lediglich eine Liste mit Anweisungen, um eine Aufgabe auszuführen, wobei jeder Schritt eindeutig ist, sodass sich diese Anforderung durch eine nicht selbst denkende Maschine bewerkstelligen lässt. Der Begriff Algorithmus leitet sich vom lateinischen Namen des Mathematikers Al-Khwarizmi her, dessen Entdeckung von Verfahren zur Einhaltung bestimmter Gleichungstypen zunächst als Algorithmus bezeichnet wurde. Viele Mathematiker entwickelten im Laufe der Jahrhunderte ähnliche Konzepte, es dauerte aber bis in die 1930er-Jahre, ehe in den Arbeiten Alan Turings und Alonzo Churchs der Begriff Algorithmus schließlich präzise definiert wurde. Turing formulierte die Idee einer „Turingmaschine" mit einer Vorrichtung für ein Speicherband aus Papier, auf dem Symbole nach einem streng festgelegten Programm geschrieben und gelöscht werden. Turing benutzte dieses theoretische Modell, um zu beweisen, dass nicht alle mathematischen Fragestellungen berechenbar sind. Selbst bei den natürlichen Zahlen gäbe es einige „unberechenbare" Probleme. Dies ließ Gödels Unvollständigkeitssatz widerhallen und war deshalb für Mathematiker genauso schockierend. Als die Turingmaschine jedoch aus dem Bereich mathematischer Abstraktion in die echte Welt wechselte, war das die Geburtsstunde des digitalen Computerzeitalters.

3-SEKUNDEN-ÜBERBLICK
Algorithmen wurden zunächst als theoretische Verfahren entwickelt, um mathematische Aufgaben auszuführen. Heute sind sie rund um den Globus ständig im Einsatz.

3-MINUTEN-REFLEXION
Die wichtigsten Fragen in der Informatik betreffen das Problem, wie schnell Algorithmen ausgeführt werden können. Man nehme beispielsweise zwei große Primzahlen und multipliziere sie anschließend miteinander. Die Herausforderung besteht nun darin, die beiden ursprünglichen Zahlen aus dem Endergebnis wieder herauszufiltern. Es existiert sicher ein Algorithmus, um dies durchzuführen, aber es könnte selbst mit dem schnellsten Prozessor einige Millionen Jahre dauern. Gibt es einen schnelleren Weg? Niemand weiß das so genau. Wir hoffen allerdings, dass er nicht existiert, denn dadurch bleiben unsere Online-Bankkonten sicher.

SIEHE AUCH
POLYNOMIALE GLEICHUNGEN
Seite 80

AL-KHWARIZMI
Seite 82

DAS HILBERTPROGRAMM
Seite 142

GÖDELS UNVOLLSTÄNDIG-
KEITSSATZ
Seite 144

3-SEKUNDEN-BIOGRAFIEN
ALONZO CHURCH
1903 – 1995

STEPHEN KLEENE
1909 – 1994

ALAN TURING
1912 – 1954

STEPHEN COOK
geb. 1939

30-SEKUNDEN-TEXT
Richard Elwes

Jedes Computerprogramm verschlüsselt einen Algorithmus, eine Idee, die bis ins neunte Jahrhundert zurückreicht.

MENGEN & GRUPPEN

Mathe in 30 Sekunden

3-SEKUNDEN-ÜBERBLICK
Jede Ansammlung von Objekten ist eine mathematische Menge. Eine Gruppe entsteht, wenn Objekte in einer Menge miteinander verknüpft werden können und das Ergebnis ebenfalls in der Menge liegt.

3-MINUTEN-REFLEXION
Wenngleich wir bislang an Zahlen als unsere Objekte gedacht haben, so werden die Dinge allerdings interessanter, wenn man verschiedene Arten von Elementen als Objekte einführt. Der berühmte Quintenzirkel in der Musiktheorie beispielsweise ist eine Menge, die aus den 12 Tonarten besteht. Man kann in dieser Menge eine Gruppenstruktur erkennen, die man als zyklische Gruppe bezeichnet.

Das Sammeln und Einordnen von Objekten

ist ein Schlüsselelement in der Mathematik. Ansammlungen (Mengen) von Objekten ermöglichen es, die gemeinsamen Eigenschaften von Dingen zu definieren, die untersucht werden sollen. Vereinigungen von Mengen zu bilden (indem jedes einzelne ihrer Elemente herausgenommen wird, um zu einer neuen Menge zusammengefasst zu werden) oder Schnittmengen herzustellen (indem nur die Elemente ausgewählt werden, die ihnen gemeinsam sind), erlaubt es, die Eigenschaften von Mengen genauer zu bestimmen. Man kann Objekte in einer Menge so wie Zahlen miteinander verknüpfen, um andere Objekte in der gleichen Menge zu schaffen. Eine Gruppe ist eine Menge mit einigen besonderen Eigenschaften. (1) Zwei beliebige Elemente in einer Menge können durch eine Operation (zum Beispiel die Addition) miteinander verknüpft werden, wobei die Verknüpfung ein Element ergibt, das ebenfalls in der Menge liegt. (2) In der Menge gibt es ein besonderes Element, das man das neutrale Element nennt und das die Eigenschaft besitzt, dass jedes Objekt, das mit diesem Element verknüpft wird, nicht verändert wird – die 0 ist beispielsweise das neutrale Element der Addition, da man sie zu jeder ganzen Zahl addieren kann, ohne dass sich der Wert ändert. (3) Und für jedes Objekt in der Gruppe existiert ein anderes Objekt, das als sein inverses Element bezeichnet wird. Jedes Element, das mit seinem inversen Element verknüpft wird, wird zum neutralen Element. Man denke an alle ganzen Zahlen und an die Addition als Verknüpfung sowie die 0 als neutrales Element, dann wird die Idee deutlich, etwa anhand dieses Beispiels: $5 + -5 = 0$.

SIEHE AUCH
FUNKTIONEN
Seite 46
RINGE & KÖRPER
Seite 88

3-SEKUNDEN-BIOGRAFIEN
JOSEPH-LOUIS LAGRANGE
1736 – 1813

NIELS HENRIK ABEL
1802 – 1829

ÉVARISTE GALOIS
1811 – 1832

ARTHUR CAYLEY
1821 – 1895

GEORG CANTOR
1845 – 1918

BENOÎT MANDELBROT
1924 – 2010

30-SEKUNDEN-TEXT
David Perry

Venn-Digramme bieten eine anschauliche Darstellung, um die Beziehungen zwischen verschiedenen Mengen zu verstehen.

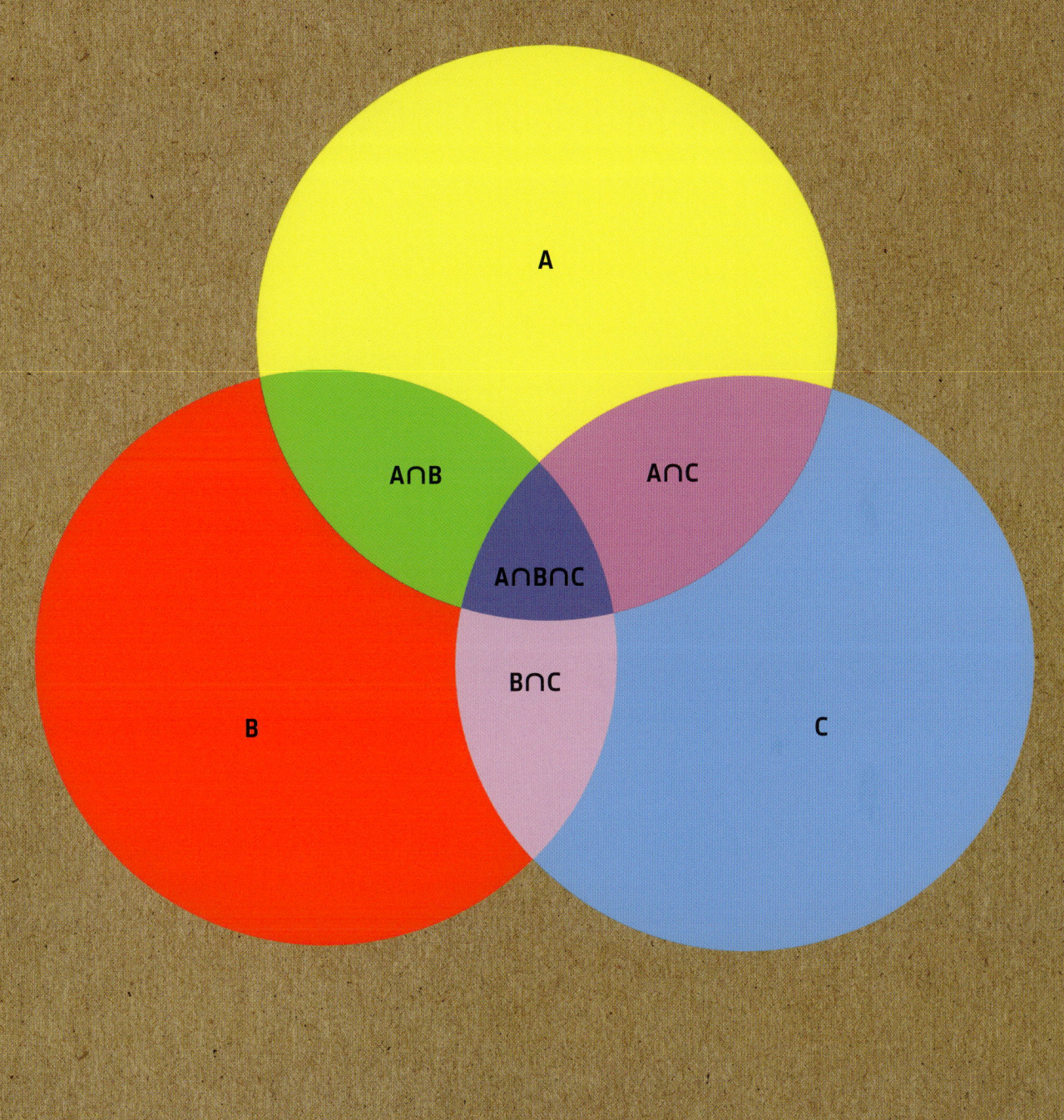

RINGE & KÖRPER

Mathe in 30 Sekunden

SIEHE AUCH
ADDITION & SUBTRAKTION
Seite 40

MULTIPLIKATION & DIVISION
Seite 42

POLYNOMIALE GLEICHUNGEN
Seite 80

MENGEN & GRUPPEN
Seite 86

DIE QUADRATUR DES KREISES
Seite 104

3-SEKUNDEN-ÜBERBLICK
Die Menge der ganzen Zahlen besitzt viele nützliche Eigenschaften, weshalb sie als Ring bezeichnet wird. Die Menge der reellen Zahlen jedoch ist noch nützlicher und wird daher auch Körper genannt.

3-MINUTEN-REFLEXION
Ringe und Körper waren historisch gesehen wichtig, weil sie es Mathematikern ermöglichten, einige klassische Probleme in eine völlig neue Sprache zu übertragen. Mithilfe dieser neuen Sprache ließen sich endlich lang ersehnte Beweise dafür erbringen, dass allein mit Lineal und Zirkel die Quadratur des Kreises ebenso wenig lösbar war wie die Würfelverdoppelung oder die Dreiteilung des Winkels. Nun war es auch möglich, in der neuen Sprache zu beweisen, dass es trotz der Existenz von allgemeingültigen Lösungsformeln für quadratische, kubische und quartische Gleichungen keine solche Formel zur Lösung quintischer Gleichungen gibt.

Das Rechnen mit ganzen Zahlen umfasst zwei Grundrechenarten, nämlich die Addition und die Multiplikation (die Subtraktion und die Division kommen dann in der Schule etwas später dazu). In der Schule lernt man, dass die Summe $1 + 4 + 9 + 16$ keine Klammern erfordert, da man in dieser Summe an jeder Stelle beginnen und sogar die Terme umstellen kann – das Ergebnis bleibt immer gleich, denn die Addition ist sowohl assoziativ als auch kommutativ. Wir erfahren dann, wie sich die Operationen zueinander verhalten, wenn wir das Distributivgesetz für ganze Zahlen kennenlernen: $a \times (b + c) = a \times b + a \times c$. Viele Mengen besitzen die gleichen nützlichen Eigenschaften, die für ganze Zahlen gelten. Wir ersparen uns hier eine Auflistung und geben stattdessen all diesen Mengen mit diesen Eigenschaften einen Namen: Ringe. Die Menge der reellen Zahlen bildet ebenfalls einen Ring mit einer zusätzlichen Eigenschaft, die ganze Zahlen nicht aufweisen. Wenn man zwei ganze Zahlen miteinander addiert oder multipliziert, dann ergibt sich immer eine ganze Zahl, und subtrahiert man zwei ganze Zahlen voneinander, erhält man ebenfalls eine ganze Zahl, *dividiert* man allerdings zwei ganze Zahlen, so ist das Ergebnis nicht notwendigerweise eine ganze Zahl. Jede reelle Zahl jedoch lässt sich durch jede andere dividieren (mit Ausnahme der Null!), und das Ergebnis ist eine reelle Zahl. Dieser Unterschied führt dazu, dass die Menge der reellen Zahlen als Körper bezeichnet wird.

3-SEKUNDEN-BIOGRAFIEN
ÉVARISTE GALOIS
1811 – 1832

RICHARD DEDEKIND
1831 – 1916

EMMY NOETHER
1882 – 1935

30-SEKUNDEN-TEXT
David Perry

Das Distributivgesetz beschreibt, wie sich Addition und Multiplikation zueinander verhalten – Mengen mit diesen Eigenschaften nennt man Ringe.

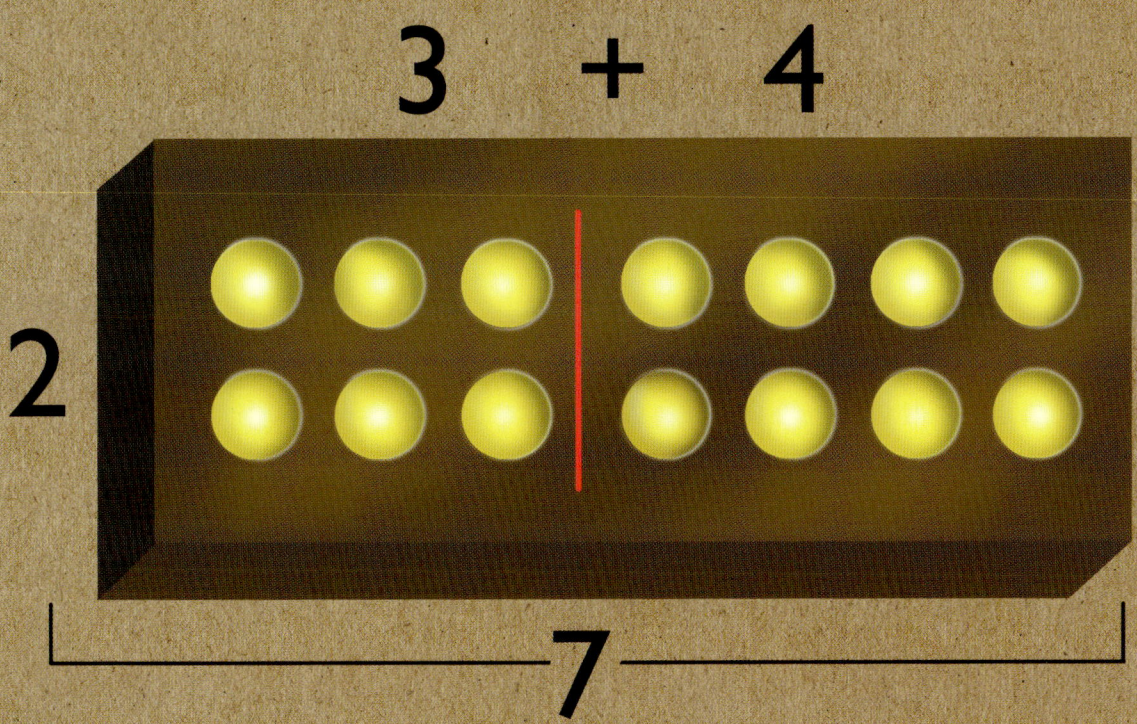

$$2 \times (3 + 4) = 2 \times 3 + 2 \times 4$$

GEOMETRIE & FORMEN

Axiom Eine Theorie oder Aussage, die entweder unmittelbar einleuchtend ist oder ohne Beweis vorausgesetzt wird.

Dodekaeder Der Begriff wird verwendet, um ein regelmäßiges Polyeder zu beschreiben, das zwölf aus jeweils Fünfecken gebildete Seitenflächen besitzt. Dodekaeder zählen zu den fünf platonischen Körpern. Ein Rhombendodekaeder ist ein Beispiel für ein unregelmäßiges Dodekaeder.

Durchmesser Eine Gerade, die durch den Mittelpunkt eines Kreises oder einer Kugel geht und von einer Seite zur gegenüberliegenden verläuft. Allgemeiner ausgedrückt, der größtmögliche Abstand zwischen zwei Punkten der Kreislinie oder der Kugeloberflächenpunkte.

Euklidische Geometrie Das Studium von Geraden, Punkten und Winkeln in Ebenen und Körpern. Die euklidische Geometrie, die nach dem griechischen Mathematiker der Antike Euklid von Alexandria benannt wird, bezeichnet das gesamte mathematische System von Regeln und Gesetzen, das auf fünf Axiomen beruht und in Euklids Werk *Die Elemente* formuliert wurde.

Galoistheorie Methoden, die benutzt werden können, um mittels algebraischer Strukturen, die als Gruppen bezeichnet werden, algebraische Gleichungen zu lösen.

Geometrie Das Teilgebiet der Mathematik, das sich hauptsächlich mit Formen, Geraden, Punkten, Flächen und Körpern befasst.

Hexagon Ein Vieleck mit sechs geraden Seiten und sechs Winkeln. Auch Sechseck genannt.

Hyperbolische Geometrie Ein Modell nichteuklidischer Geometrie, in dem das Parallelenpostulat der euklidischen Geometrie ersetzt wird durch das Postulat, dass es mindestens zwei Geraden in der Ebene gibt, die eine gegebene Gerade nicht schneiden. In der hyperbolischen Geometrie ist die Winkelsumme eines Dreiecks kleiner als 180°. Siehe auch *Euklidische Geometrie*.

Hypotenuse In einem rechtwinkligen Dreieck die dem rechten Winkel gegenüberliegende Seite. Die Hypotenuse spielt eine wichtige Rolle im Satz des Pythagoras. Siehe auch *Satz des Pythagoras*.

Ikosaeder Ein regelmäßiges Polyeder mit zwanzig aus jeweils gleichseitigen Dreiecken gebildeten Seitenflächen. Ikosaeder gehören zu den fünf platonischen Körpern.

Kegelschnitt Eine Kurve, die entsteht, wenn ein (Doppel-) Kegel von einer Ebene geschnitten wird. Ein Kegelschnitt kann je nachdem, in welchem Winkel die Ebene den Kegel schneidet, ein Kreis, eine Ellipse, eine Parabel oder eine Hyperbel sein.

Konstante Eine Zahl, ein Buchstabe oder Symbol, die für sich allein einen feststehenden Wert darstellen. In der Gleichung $3x - 8 = 4$ beispielsweise ist 3 der Koeffizient, x die Variable, während 8 und 4 die Konstanten sind. Der Begriff wird allerdings zumeist eher mit Symbolen wie π oder e in Verbindung gebracht.

Lemma Ein Hilfssatz oder eine mathematisch wahre Aussage. Ein Lemma wird als Zwischenschritt benutzt, um eine wichtigere mathematische Erkenntnis, zum Beispiel einen Satz, zu stützen.

Pentagon Ein Vieleck mit fünf geraden Seiten und fünf Winkeln. Auch als Fünfeck bezeichnet.

Pentagramm Ein fünfzackiger Stern, der entsteht, wenn man in einem regelmäßigen Fünfeck alle Diagonalen einzeichnet.

Polyeder Jeder Körper mit vier oder mehr aus Polygonen gebildeten Seitenflächen. In regelmäßigen Polyedern, wie zum Beispiel den platonischen Körpern, bestehen die Flächen aus regelmäßigen Polygonen. Auch Vielflächner genannt.

Proposition Ein mathematischer Lehrsatz, der üblicherweise von einem Beweis begleitet wird.

Radius Der Abstand vom Mittelpunkt eines Kreises zur Kreislinie. Der Radius entspricht dem halben Durchmesser.

Satz Eine mathematische Tatsache oder Wahrheit, die auf logischen Schlussfolgerungen beruht oder auf bereits anerkannten Tatsachen oder Axiomen aufbaut.

Satz des Pythagoras Mathematischer Satz, der Pythagoras zugeschrieben wird und besagt, dass in einem rechtwinkligen Dreieck das Quadrat der Hypotenusenlänge (die dem rechten Winkel gegenüberliegende Seite) gleich der Summe der Quadrate der beiden anderen Seiten (Katheten) ist. Der Satz wird als Gleichung so ausgedrückt: $a^2 + b^2 = c^2.$

Transzendente Zahl Jede Zahl, die nicht als Nullstelle eines von Null verschiedenen Polynoms ausgedrückt werden kann, das ganzzahlige Koeffizienten besitzt, mit anderen Worten, nichtalgebraische Zahlen. π ist die bekannteste transzendente Zahl, und daher kann π gemäß der Anfangsdefinition nicht die Gleichung $\pi^2 = 10$ erfüllen. Die meisten reellen Zahlen sind transzendent.

Umfang Die Länge der Begrenzungslinie einer ebenen Figur, zum Beispiel die eines Kreises, einer Kurve, eines Dreiecks oder Rechtecks.

Zahlentheorie Das Teilgebiet der Mathematik, das sich hauptsächlich mit den Eigenschaften und Beziehungen von Zahlen beschäftigt, insbesondere im Bereich der positiven ganzen Zahlen.

EUKLIDS ELEMENTE

Mathe in 30 Sekunden

3-SEKUNDEN-ÜBERBLICK
Die 13 Bücher der *Elemente*, in denen Euklid atemberaubende und wunderbare Wahrheiten in den Gebieten der Geometrie und Zahlentheorie darlegt, hatten einen unschätzbaren Einfluss auf die Zivilisation.

3-MINUTEN-REFLEXION
Viele berühmte Anekdoten ranken sich rund um Euklids Philosophie. Nachdem er in einem Kurs einen Lehrsatz vorgestellt hatte, fragte ihn ein Schüler, was der praktische Nutzen dabei sei. Euklid drückte dem Schüler daraufhin eine Münze in die Hand und schickte ihn fort, da der Schüler offensichtlich irgendeine Belohnung für den Erwerb von Wissen benötigte, statt einfach nur zu lernen um des Lernens willen. Als Ptolemäus Euklid bat, ihm doch einfachere Mittel zum Verständnis seiner Sätze an die Hand zu geben, antwortete Euklid: „Es gibt keinen Königsweg zur Geometrie."

Euklid war ein griechischer Mathematiker, der um 300 v. Chr. in Alexandria lebte und lehrte. Er wird nicht nur verehrt wegen seiner Sätze zu Dreiecken, Kreisen und Primzahlen, sondern vor allem wegen seines grundlegenden Ansatzes zur mathematischen Denkweise, indem er Definitionen aufstellte, die die angenommenen Postulate bestimmten, um dann aus diesen Grundannahmen die logischen Folgerungen zu ziehen, Lemma für Lemma und Satz für Satz. Er schuf eine Methode mathematischen Schlussfolgerns, die für die nächsten 22 Jahrhunderte als Anregung für den Geometrieunterricht auf der ganzen Welt diente. Obwohl das Meiste in seinem aus 13 Büchern bestehenden gefeierten Werk *Die Elemente* die Geometrie anbelangt (in Buch I beweist Euklid den Satz des Pythagoras und in Buch XIII erläutert er die Konstruktion der fünf platonischen Körper), so unternimmt Euklid doch in drei Büchern einen Ausflug in die Zahlentheorie. In Buch VII erklärt er, wie man den größten gemeinsamen Teiler zweier ganzer Zahlen finden kann, zu dessen Bestimmung er einen Algorithmus verwendete, der seinen Namen trägt. In Buch IX kehrt Euklid noch einmal zum Satz des Pythagoras zurück und gibt eine Formel an, die natürliche Zahlen erzeugt, deren Quadrate sich zum Quadrat einer weiteren natürlichen Zahl summieren, wie zum Beispiel $3^2 + 4^2 = 5^2$, und so die Seitenlängen eines rechtwinkligen Dreiecks ergeben.

SIEHE AUCH
PRIMZAHLEN
Seite 22
DIE QUADRATUR DES KREISES
Seite 104
PARALLELEN
Seite 106
PLATONISCHE KÖRPER
Seite 114

3-SEKUNDEN-BIOGRAFIEN
PYTHAGORAS
um 570 – um 490 v. Chr.
EUKLID
um 300 v. Chr.

30-SEKUNDEN-TEXT
David Perry

Ein Beweis des pythagoreischen Zahlentripels. Man kann kongruente Dreiecke benutzen, um zu zeigen, dass die Fläche des grauen Quadrats die gleiche Fläche hat wie das gelbe Rechteck und dass das rote Quadrat die gleiche Fläche besitzt wie das blaue Rechteck.

Ἐν ἄρα τοῖς ὀρθογωνίοις τριγώνοις τὸ ἀπὸ τῆς τὴν
ὀρθὴν γωνίαν ὑποτεινούσης πλευρᾶς τετράγωνον ἴσον ἐστὶ
τοῖς ἀπὸ τῶν τὴν ὀρθὴν [γωνίαν] περιεχουσῶν πλευρῶν τε-
τραγώνοις· ὅπερ ἔδει δεῖξαι.

π – DIE KREISZAHL

Mathe in 30 Sekunden

Die wohl am besten und am längsten

bekannte sowie leicht zu erkennende, aber schwer zu berechnende mathematische Konstante ist die irrationale (transzendente) Zahl π = 3,1415926535897..., mit der alle frühen Hochkulturen bereits vertraut waren wegen der einfachen Beziehung dieser Zahl zum Kreis. π beschreibt das Verhältnis eines Kreisumfangs zu seinem Durchmesser. Man nimmt allgemein an, dass sich der griechische Buchstabe für die Konstante entweder vom Wort „perimetron" (Umfang) oder „peripheria" (Randbereich) herleitet, und manchmal wird π auch als Archimedes-Konstante bezeichnet wegen Archimedes' berühmten Versuchen, π zu berechnen. Beginnend bei den Annäherungen an den Kreis durch ein- beziehungsweise umbeschriebene Polygone von Mathematikern wie dem Griechen Archimedes oder dem Chinesen Liu Hui über die endlichen Summen einer unendlichen Anzahl von Brüchen mittels der leibnizschen Infinitesimalrechnung bis hin zu faszinierenden Gleichungen wie den Formeln des indischen Mathematikers Ramanujan – π hat höchstwahrscheinlich mehr mathematische Untersuchungen hervorgerufen als irgendein anderes einzelnes Konzept und spielt eine zentrale Rolle in nahezu allen Natur- und Sozialwissenschaften. Die auf ewig geheimnisvolle Zahl π hat zu sportlichen Wettbewerben, dem „Pi-Sport", geführt, bei dem es um das Memorieren der Nachkommastellen von π geht, der inoffizielle Weltrekord liegt derzeit bei 100.000 Ziffern. Ein mittlerweile globales Phänomen ereignet sich am 14. März (amerikanisch 3/14), wenn am π-Tag der Kreiszahl gedacht wird.

SIEHE AUCH
RATIONALE & IRRATIONALE
ZAHLEN
Seite 16

TRIGONOMETRIE
Seite 102

DIE QUADRATUR DES KREISES
Seite 104

3-SEKUNDEN-ÜBERBLICK

„Quantitas, in quam cum multiplicetur dyameter, proveniet circumferentia". – „Die Größe, die, wenn der Durchmesser mit ihr multipliziert wird, den Umfang ergibt." Diese Größe ist nichts anderes als die Zahl π.

3-MINUTEN-REFLEXION

Beim Pi-Sport werden Merksätze benutzt, die so konstruiert sind, dass die einzelnen Buchstaben jedes Worts jeweils eine Stelle von π in der richtigen Reihenfolge darstellen. Ein deutscher Kandidat könnte z. B. mithilfe folgenden Merkverses die ersten 31 Stellen von π memorieren: „Nie, o Gott, o guter, verliehst Du meinem Hirne die Kraft, mächtige Zahlreih'n dauernd verkettet bis in die späteste Zeit getreu zu merken; drum hab' ich Ludolfen mir zu Lettern umgeprägt." Einen besonders langen Merksatz liefert das an Poes Ballade *The Raven* angelehnte Gedicht *Near a Raven* Mike Kellys von 1995, mit dem man 740 Ziffern von π auswendig lernen kann.

3-SEKUNDEN-BIOGRAFIEN
PYTHAGORAS
um 570 – um 490 v. Chr.

ARCHIMEDES VON SYRAKUS
um 287 – um 212 v. Chr.

ISAAC NEWTON
1643 – 1727

WILLIAM JONES
1675 – 1749

30-SEKUNDEN-TEXT
Richard Brown

Die Methode von Archimedes, einen Kreis mit einer Reihe von ein- beziehungsweise umbeschriebenen Polygonen zu nähern, ermöglichte es ihm, einen Näherungswert von π zu berechnen.

DER GOLDENE SCHNITT

Mathe in 30 Sekunden

3-SEKUNDEN-ÜBERBLICK

Der Goldene Schnitt bezeichnet das Teilungsverhältnis einer Strecke oder anderen Größe, bei dem das Verhältnis des Ganzen zu seinem größeren Teil dem des größeren Teils zum kleineren Teil entspricht.

3-MINUTEN-REFLEXION

Häufig liest man, dass der Goldene Schnitt in der Kunst, in der Architektur und im Design eine wichtige Rolle spielt. Die Göttliche Proportion reicht zurück bis zu den Pyramiden im Alten Ägypten und zu den Tempeln im klassischen Griechenland, sie wurde aber auch in den Gemälden Leonardo da Vincis ebenso eingesetzt wie im modernen iPod. Obwohl es eine Reihe von Künstlern und Designern gibt, die den Goldenen Schnitt bewusst in ihren Werken verwendet haben (zum Beispiel der Architekt Le Corbusier), so ist die Frage nach der künstlerischen Bedeutung des Goldenen Schnitts dennoch in der einschlägigen Literatur keineswegs unumstritten.

Wenn man eine Strecke in einen

größeren Teil a und einen kleineren Teil b teilt, sodass die Summe der beiden Teile dividiert durch den größeren Teil gleich dem größeren Teil dividiert durch den kleineren Teil ist, das heißt, $(a + b)/a = a/b$, dann erhält man den Goldenen Schnitt. Er wird manchmal auch die Goldene Zahl oder die Göttliche Proportion genannt und mit dem griechischen Buchstaben Phi (ϕ) bezeichnet, der für die irrationale Zahl steht, die sich durch die folgende Gleichung ergibt: $\phi = (1 + \sqrt{5})/2 = 1,6180339887498...$ Für Mathematiker ist es interessant, dass ϕ auch die Gleichung $\phi^2 = 1 + \phi$ sowie $1/\phi = \phi - 1$ erfüllt. Der Goldene Schnitt ist zudem die Länge der Diagonalen eines regelmäßigen Fünfecks mit den Seitenlängen 1. Das Pentagramm, eine Figur, die durch die Diagonalen eines Fünfecks gebildet wird, hatte für Pythagoras und seine Anhänger mystische Bedeutung. Künstler und Architekten nutzen den Goldenen Schnitt, um Proportionen zu schaffen, die angenehm für das menschliche Auge sind. Die Fibonacci-Folge 1, 1, 2, 3, 5, 8, 13, 21, 34, ... besitzt die Eigenschaft, dass je größer eine Zahl in der Folge ist, desto mehr nähert sich der Quotient zweier aufeinanderfolgender Zahlen ϕ an. Das Goldene Rechteck, dessen Seitenverhältnis dem Goldenen Schnitt entspricht, findet man auch im Dodekaeder und Ikosaeder. Eine Goldene Spirale wird gebildet, indem Viertelkreise in Quadrate einbeschrieben werden, deren Kantenlängen sich fortlaufend um den Faktor $1/\phi$ verringern.

SIEHE AUCH

RATIONALE & IRRATIONALE ZAHLEN
Seite 16

FIBONACCI-ZAHLEN
Seite 24

PLATONISCHE KÖRPER
Seite 114

3-SEKUNDEN-BIOGRAFIEN

PYTHAGORAS
um 570 – um 490 v. Chr.

LEONARDO VON PISA (FIBONACCI)
um 1175 – um 1250

ROGER PENROSE
geb. 1931

30-SEKUNDEN-TEXT
Robert Fathauer

Eine Folge von Quadraten, deren Kantenlängen jeweils im Verhältnis zum Goldenen Schnitt gebildet werden, fügt sich wundervoll zu einer spiralförmigen Anordnung zusammen. Wenn Viertelkreise in die Quadrate einbeschrieben werden, dann entsteht eine Goldene Spirale.

um 570 v. Chr.
geboren auf Samos

um 530 v. Chr.
lebt in Kroton, dem heutigen
Crotone in Kalabrien
(Unteritalien)

um 490 v. Chr.
stirbt, vermutlich in Metapont

um 200 n. Chr. – um 250 n. Chr.
im 8. Buch des Werks *Über
Leben und Lehren berühmter
Philosophen* von Diogenes
Laertius werden Pythagoras und
die Pythagoreer ausführlich
behandelt

um 234 n. Chr. – um 305 n. Chr.
das nur fragmentarisch
erhaltene Werk *Philósophos
historia* (Philosophiegeschichte)
von Porphyrius enthält eine
Biografie von Pythagoras

um 245 n. Chr. – um 325 n. Chr.
das Werk von Iamblichus *Über
das pythagoreische Leben*
beschäftigt sich ausschließlich
mit dem Leben von Pythagoras
und den Tugenden der
Pythagoreer

PYTHAGORAS

Die meisten Nicht-Mathematiker

erinnern sich noch aus ihrer Schulzeit an den Satz des Pythagoras, und das ist auch schon alles, was man heute noch mit dem Namen des Philosophen verbindet. Der Mensch Pythagoras selbst war allerdings wesentlich geheimnisvoller, und so kam es, dass sich ein akademischer Zweig entwickelte, der sich mit der „pythagoreischen Frage" befasst, das heißt, dass man versucht, den wirklichen, historischen Pythagoras und seine Leistungen aus einem Geflecht von Mythos, Tatsachenverdrehung und Heiligenverehrung herauszulösen. Da weder er selbst noch seine Zeitgenossen schriftliche Zeugnisse hinterlassen haben, weiß man eigentlich nichts über ihn, und so wurde er für seine Anhänger ein halbgöttliches, mystisches Wesen, eine Art König Artus des Altertums.

Es heißt, dass diese gleichermaßen charismatische wie mysteriöse Persönlichkeit einen goldenen Schenkel hatte, Wunder bewirkte und die schamanische Fähigkeit besaß, an zwei Orten gleichzeitig zu sein. Pythagoras glaubte, die Seele sei unsterblich und durchlaufe verschiedene Stufen der Wiedergeburt. Er war Begründer eines esoterisch-religiösen Kults, der wegen seiner Regeln und strengen Ausrichtung sehr hoch angesehen war und offensichtlich so bedeutend war, dass Angehörige des Kults von der Obrigkeit verfolgt wurden. Diese Kenntnisse verdanken wir ergebenen Anhängern von Pythagoras – die Pythagoreer waren eine bis ins fünfte Jahrhundert n. Chr. hinein aktive Gemeinschaft –, die einhundertfünfzig Jahre nach dessen Tod über ihn zu schreiben begannen, wobei sie die Historie verfälschten, seine Leistungen verherrlichten und behaupteten, dass Pythagoras die Quelle aller aristotelischen und platonischen Ideen sei. Die vielen Abhandlungen, die unter seinem Namen veröffentlicht wurden, sind Fälschungen. Was nun die Mathematik anbelangt, so hat Pythagoras zwar den Zahlen eine göttliche und mystische Bedeutung zugeschrieben und deren Beziehungen zueinander erkannt, aber es ist ziemlich unwahrscheinlich, dass er jemals seinen Satz bewiesen hat. Die wenigen Hinweise, dass Pythagoras sich mit der Geometrie beschäftigte, beruhen allein auf späteren ihn verklärenden Darstellungen. Heute wissen wir, dass babylonischen Gelehrten der Satz bekannt war und sie damit Berechnungen durchführten, den Beweis des Theorems aber haben sie ebenso wenig wie Pythagoras erbracht, und daher könnte es so gewesen sein, dass man Pythagoras einfach nur würdigen wollte, weil er ein wichtiges und elegantes Stück mathematischer Erkenntnis weitergereicht hat.

TRIGONOMETRIE

Mathe in 30 Sekunden

3-SEKUNDEN-ÜBERBLICK

Die Trigonometrie, die die Beziehungen zwischen den Winkeln und Seitenlängen eines Dreiecks untersucht, ist für die moderne Wissenschaft von zentraler Bedeutung.

3-MINUTEN-REFLEXION

In der ebenen Trigonometrie, die an den Schulen unterrichtet wird, haben alle Dreiecke eine Winkelsumme von 180°. Die sphärische Trigonometrie, die in der Astronomie benutzt wird, spielte in den alten Kulturen allerdings eine wesentlich größere Rolle. Auf einer Kugel ist die Winkelsumme eines Dreiecks größer als 180°. Wenn ein Punkt am Nordpol liegt und zwei weitere sich am Äquator befinden (von denen einer eine Viertelerddrehung vom anderen entfernt ist), dann hat jeder der drei Winkel des resultierenden Dreiecks 90°.

Ein rechtwinkliges Dreieck hat die Eigenschaft, dass die Winkel die Längenverhältnisse der anliegenden Seiten festlegen. Diese Beziehung bildet die elementare „Sinusfunktion" (und weitere Funktionen, wie etwa den „Kosinus"), wobei der Sinus eines Winkels gleich dem Verhältnis der Länge der dem Winkel gegenüberliegenden Seite (Gegenkathete) zur Seitenlänge der Hypotenuse ist (die Seite, die dem rechten Winkel gegenüberliegt). Die Kenntnis, wie sich die Länge aus den Winkelmaßen berechnen lässt, hatte für Astronomen und Forscher ungemein praktische Bedeutung, von den Sumerern und den Griechen der Antike bis hin zu den Indern und Persern. Hipparchos, ein griechischer Astronom, der im zweiten Jahrhundert lebte, gilt als „Vater der Trigonometrie". Moderne Wissenschaftler fassen trigonometrische Funktionen allerdings wesentlich weiter. Mittels eines rechtwinkligen Dreiecks können die Punkte auf einem Kreis bestimmt werden. Ist der Radius 1, dann sind die Koordinaten eines Punkts auf dem Kreis der Kosinus und der Sinus des Winkels Θ. Wird Θ immer größer, steigt der y-Wert (der Sinus von Θ) zunächst an, fällt dann ab, wird anschließend negativ und geht schließlich auf null zurück. Wenn Θ über 2 Umdrehungen wächst, wiederholt sich dieser Zyklus immer wieder, sodass der Graph der Sinusfunktion von Θ eine periodische (sich wiederholende) Wellenform besitzt. Alle Phänomene, die wellenförmig aussehen oder sich so verhalten, wie etwa die Strahlung in der Physik, der Schall in der Musik oder die bildgebenden Verfahren in der Medizin, können mithilfe der elementaren trigonometrischen Funktionen wie dem Sinus und dem Kosinus untersucht werden.

SIEHE AUCH
FUNKTIONEN
Seite 46
DIE INFINITESIMALRECHNUNG
Seite 50
π – DIE KREISZAHL
Seite 96
GRAPHEN
Seite 108

3-SEKUNDEN-BIOGRAFIEN
HIPPARCHOS
um 190 – um 120 v. Chr.

PTOLEMÄUS
um 90 – um 165 n. Chr.

LEONHARD EULER
1707 – 1783

30-SEKUNDEN-TEXT
Robert Fathauer

Die Kosinus- und Sinusfunktionen werden definiert als die x- und y-Koordinaten des Punkts, in dem eine Gerade, die mit der x-Achse den Winkel Θ bildet, den Einheitskreis schneidet.

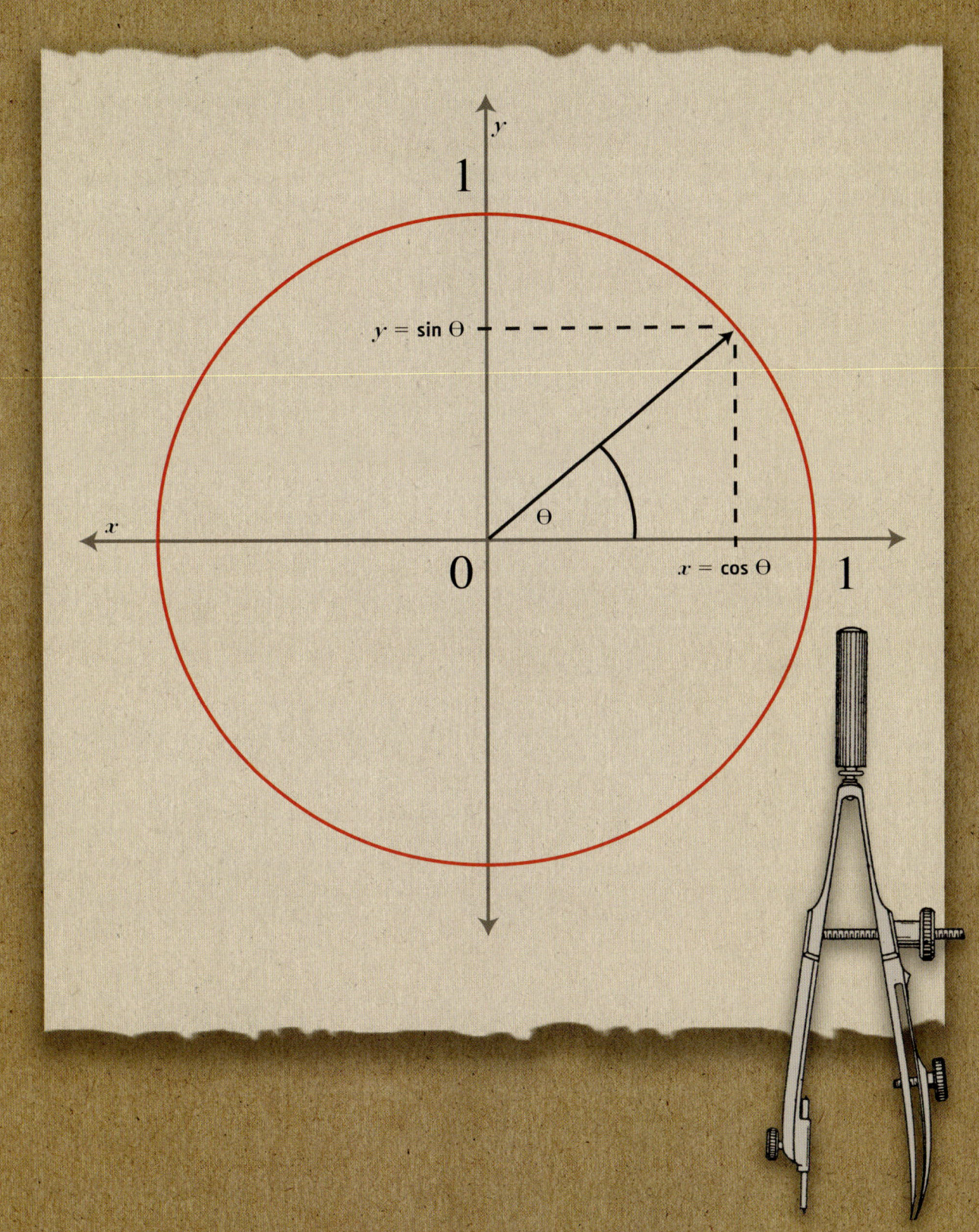

DIE QUADRATUR DES KREISES

Mathe in 30 Sekunden

In der Antike betrachteten die Griechen alle Zahlen als Längen, und so machten sie ihre Berechnungen fast ausschließlich geometrisch. Das Dividieren einer Zahl durch zwei wurde als geometrische Konstruktion angesehen. Man stelle sich zunächst eine Zahl als Länge einer Strecke vor. Dann verwende man die geometrischen Werkzeuge, nämlich Lineal und Zirkel, und halbiere die Strecke. Auf diese Weise erhält man eine Division durch zwei. Man beginne nun mit einem Kreis und versuche ein Quadrat zu konstruieren, dessen Fläche die gleiche ist wie die des Kreises. Vor einigen tausend Jahren kamen Mathematiker der „Quadratur des Kreises" nahe, aber diese frühen Versuche beruhten auf der Vermutung, dass π ausgedrückt werden könne als Verhältnis von zwei natürlichen Zahlen. Mittlerweile ist bekannt, dass π nicht nur irrational ist, sondern auch transzendent, wie im 19. Jahrhundert bewiesen wurde. Bereits Jahrhunderte zuvor hatten Mathematiker unabhängig voneinander nachgewiesen, dass transzendente Zahlen nicht mit Lineal und Zirkel konstruiert werden können, und so das Problem definitiv gelöst. Allerdings führten die unterschiedlichen Lösungsansätze zu wunderbaren unvorhersehbaren Ergebnissen. Der Mathematiker Menächmus schuf die Kegelschnitte, um Lösungen für diese Probleme zu finden, und auch die abstrakte Algebra sowie die Galoistheorie gehen auf diese Bemühungen zurück – Bereiche, die alle für die heutige Mathematik von großer Bedeutung sind.

3-SEKUNDEN-ÜBERBLICK
Es scheint unkompliziert zu sein, nur mit geometrischen Mitteln ein Quadrat zu zeichnen, das die gleiche Fläche hat wie ein gegebener Kreis. Mathematiker jedoch wissen, dass diese Aufgabe unlösbar ist.

3-MINUTEN-REFLEXION
Die Tradition, geometrische Konstruktionen ausschließlich mit Lineal und Zirkel durchzuführen, beruht auf Axiomen, die in Euklids *Elementen* festgeschrieben sind. Die Beschränkungen hinsichtlich dessen, was man mit diesen Werkzeugen machen kann, sind in den Instrumenten selbst angelegt. Das hält aber eine Schar amateurhafter wie auch professioneller Mathematiker keineswegs davon ab, immer wieder Lösungen für diese unlösbaren Probleme einzufordern. Solche Menschen werden im englischen Sprachraum unter Mathematikern als „Cranks" (Sonderlinge) bezeichnet. Es scheint Teil der menschlichen Natur zu sein, sich wie Don Quichotte auf eine vollkommen nutzlose Suche zu begeben.

SIEHE AUCH
RATIONALE & IRRATIONALE ZAHLEN
Seite 16

EUKLIDS ELEMENTE
Seite 94

π – DIE KREISZAHL
Seite 96

3-SEKUNDEN-BIOGRAFIEN
HIPPIAS VON ELIS
um 450 v. Chr.

EUKLID
um 300 v. Chr.

ARCHIMEDES VON SYRAKUS
um 287 – um 212 v. Chr.

30-SEKUNDEN-TEXT
David Perry

Man kann allein mit Lineal und Zirkel einen Winkel halbieren oder ein regelmäßiges Sechseck konstruieren. Was man damit allerdings nicht machen kann, das ist die Quadratur des Kreises.

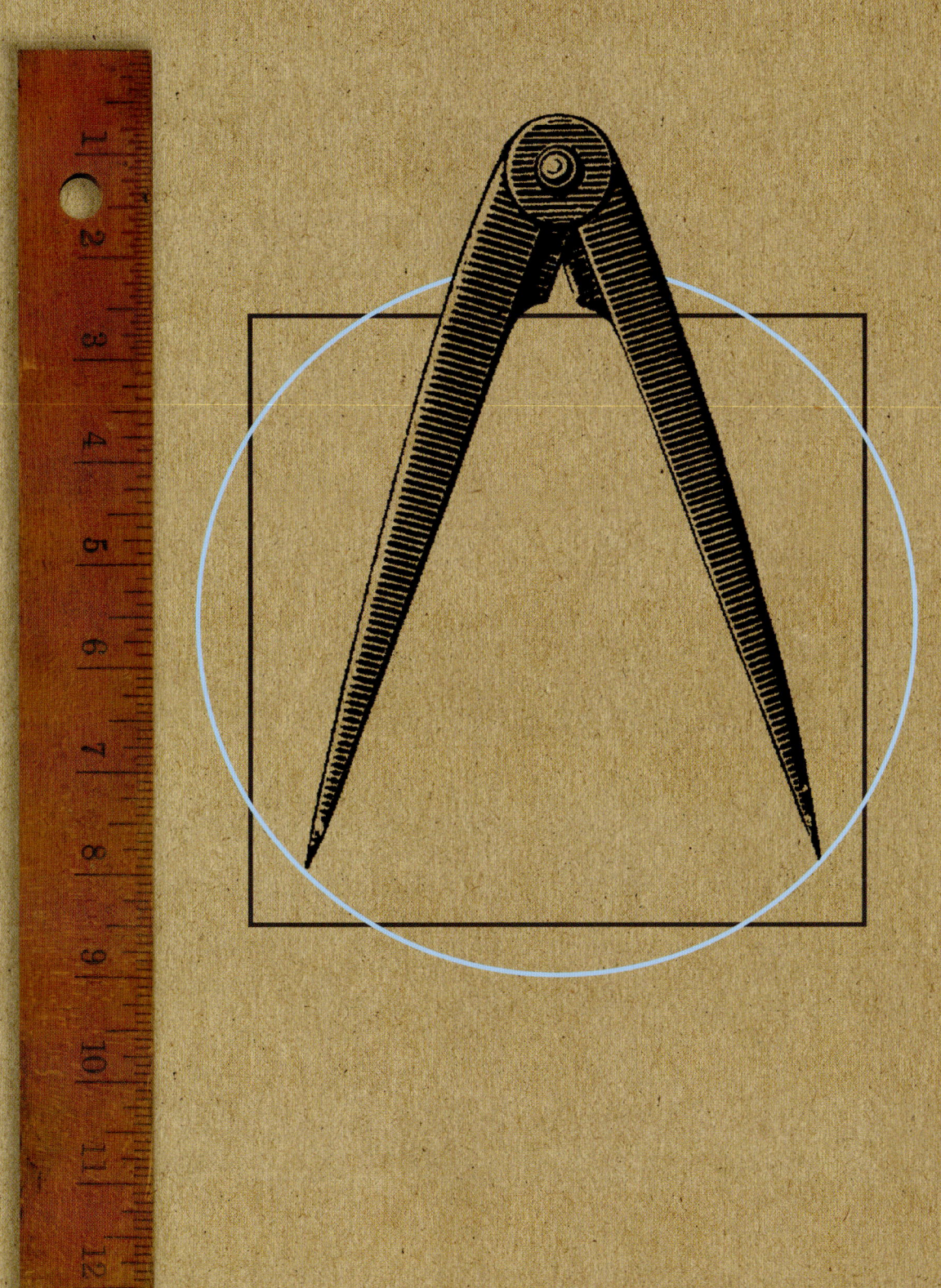

PARALLELEN

Mathe in 30 Sekunden

3-SEKUNDEN-ÜBERBLICK

Parallelen sind Geraden in der Ebene, die sich ewig fortsetzen, ohne sich je zu treffen, so wie Eisenbahnschienen. Die Axiome zu Parallelen sind entscheidend für die Definition unterschiedlicher Arten von Geometrien.

3-MINUTEN-REFLEXION

Die hyperbolische Geometrie mit ihren unendlich vielen Parallelen faszinierte Mathematiker und Geodäten. In der Physik des 20. Jahrhunderts fand sie ihren Platz in Einsteins neuer Spezieller Relativitätstheorie. Hermann Minkowski bewies, dass die Geometrie des Universums grundsätzlich hyperbolisch ist. Einstein sagte diesbezüglich: „Dieser Interpretation der Geometrie messe ich große Bedeutung zu, denn ohne ihre Kenntnis wäre die Entwicklung der Relativitätstheorie für mich nicht möglich gewesen."

Als Euklid seine Geometrie einer zweidimensionalen Ebene aus Grundbegriffen in seinen *Elementen* formulierte, standen Parallelen im Zentrum seines Werks. Euklid legte zu Beginn fünf geometrische Postulate fest, aus denen er Sätze ableitete, die Generationen von Schülern vertraut sind, wie zum Beispiel der Stufenwinkelsatz, der ausdrückt, dass wenn zwei parallele Geraden von einer dritten Geraden geschnitten werden, die entstehenden Stufenwinkel gleich groß sind. Euklids fünftes Postulat, das als „Parallelenpostulat" bekannt ist, besagt, dass wenn man eine Gerade zieht und dann einen von ihr entfernten Punkt bestimmt, nur eine einzige mögliche Parallele existiert, die durch diesen Punkt gezeichnet werden kann. Jeder, der das auf einem Stück Papier ausprobiert, wird sich schnell davon überzeugen lassen, dass das wahr ist, aber Geodäten und Mathematiker haben jahrtausendelang zu verstehen versucht, warum das so sein müsse. Viele waren der Auffassung, dass sich dies aus den vier einfacheren Axiomen herleiten lasse. Erst im 19. Jahrhundert entdeckten Gauß, Bolyai und Lobatschewski unabhängig voneinander eine neue Art der Geometrie, die die ersten vier euklidischen Postulate erfüllt, in der das Parallelenpostulat aber nicht gilt. In dieser nichteuklidischen, „hyperbolischen" Geometrie gibt es unendlich viele Geraden, die durch einen einzigen Punkt parallel zu einer gegebenen Geraden gehen können.

SIEHE AUCH
EUKLIDS ELEMENTE
Seite 94

3-SEKUNDEN-BIOGRAFIEN
EUKLID
um 300 v. Chr.

CARL FRIEDRICH GAUSS
1777 – 1855

NIKOLAI LOBATSCHEWSKI
1796 – 1856

JÁNOS BOLYAI
1802 – 1860

HERMANN MINKOWSKI
1864 – 1909

30-SEKUNDEN-TEXT
Richard Elwes

Parallelen gehören zu den vertrautesten Mustern und sind der Schlüssel zu den am wenigsten vertrauten Welten.

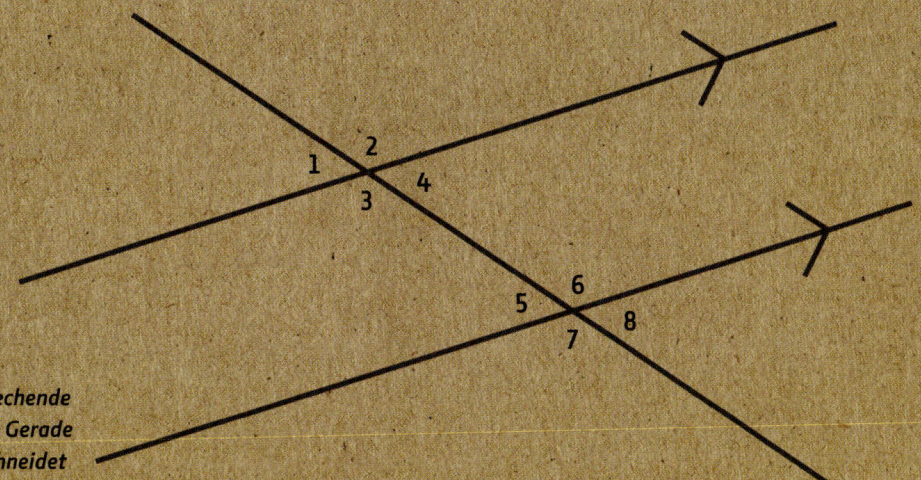

> *Einander entsprechende Winkel, wenn eine Gerade zwei Parallelen schneidet*

> *Die Poincaré-Scheibe mit hyperbolischen parallelen Geraden*

GRAPHEN

Mathe in 30 Sekunden

3-SEKUNDEN-ÜBERBLICK
Ein Graph ist eine bildliche Darstellung der Beziehung zwischen zwei oder mehr Variablen.

3-MINUTEN-REFLEXION
Es gibt neben dem kartesischen auch andere Koordinatensysteme, wie zum Beispiel das Polarkoordinatensystem, in dem eine Radialkoordinate r und eine Winkelkoordinate Θ angegeben werden. Das ermöglicht adäquatere Lösungen für Probleme im Zusammenhang mit Phänomenen, die sich strahlenförmig von einem Punkt wegbewegen, wie zum Beispiel bei der Richtwirkung einer Antenne. Im weiteren Sinn kann jede Landkarte als eine Art von Graph betrachtet werden, da eine Karte Daten wie Städte-, Straßennamen, Höhenangaben und so weiter in Beziehung zu einem geografischen Ort setzt.

In der Mathematik werden Graphen zumeist benutzt, um mathematische Funktionen abzubilden. In anderen Bereichen, von der Biologie bis zum Wirtschaftsleben, werden Graphen hauptsächlich zur Veranschaulichung von Daten verwendet. Mathematische Graphen werden traditionell mithilfe zweier rechtwinkliger (orthogonaler) Achsen dargestellt, die in zwei Dimensionen mit x und y bezeichnet werden. Jeder Punkt in der Ebene kann durch ein „geordnetes Paar" (x, y) bestimmt werden, das den Abstand eines Punkts von der y- und der x-Achse festlegt. Das gleiche Verfahren wird eingesetzt, um Ortsangaben in drei Dimensionen wiederzugeben, indem eine dritte Achse hinzugefügt wird, die üblicherweise z genannt wird. Diese Darstellungsweise ist bekannt als kartesisches Koordinatensystem, das sich vom lateinischen Namen seines Entdeckers ableitet, dem französischen Mathematiker und Philosophen René Descartes. Sein Zeitgenosse Pierre de Fermat entwickelte davon unabhängig ähnliche Ideen. Die Erfindung des Graphen müsste eigentlich Nikolaus von Oresme zugeschrieben werden, der drei Jahrhunderte früher horizontale und vertikale Achsen anwandte, um graphisch eine Regel zu beweisen, bei der es um das Verhältnis der jeweils zurückgelegten Strecke zweier Objekte geht, die sich mit unterschiedlichen Geschwindigkeiten bewegen. Dass Descartes das Potenzial des Graphen erkannte, war bahnbrechend für die Entwicklung der Mathematik, weil Zahlen und geometrische Figuren miteinander verbunden wurden. Auf diese Weise wurde die Darstellung solcher Figuren durch Gleichungen möglich, indem nämlich die Algebra und die Geometrie in einem neuen Bereich der analytischen Geometrie zusammengeführt wurden.

SIEHE AUCH
IMAGINÄRE ZAHLEN
Seite 18

FUNKTIONEN
Seite 46

DIE INFINITESIMALRECHNUNG
Seite 50

PARALLELEN
Seite 106

3-SEKUNDEN-BIOGRAFIEN
NIKOLAUS VON ORESME
um 1320 – 1382

RENÉ DESCARTES
1596 – 1650

PIERRE DE FERMAT
1607 – 1665

30-SEKUNDEN-TEXT
Robert Fathauer

Die algebraische Beschreibung einer bestimmten Ellipse (oben) und die grafische Darstellung der damit verbundenen Figur mithilfe kartesischer Koordinaten.

$$\frac{(x-1)^2}{4^2} + \frac{(y-2)^2}{3^2} = 1$$

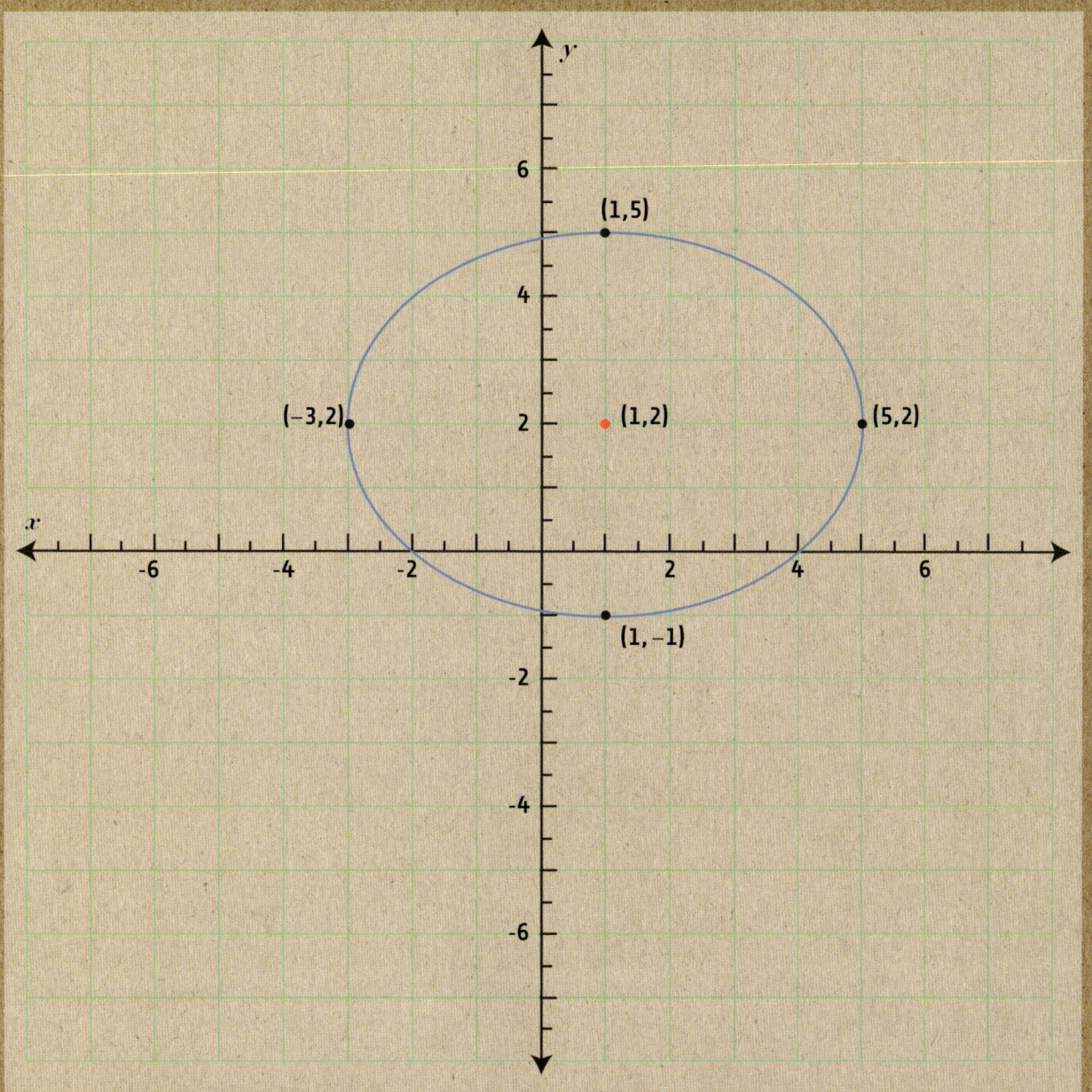

EINE ANDERE DIMENSION

Axiom Eine Theorie oder Aussage, die entweder unmittelbar einleuchtend ist oder ohne Beweis vorausgesetzt wird.

Dodekaeder Der Begriff wird verwendet, um ein regelmäßiges Polyeder zu beschreiben, das zwölf aus jeweils Fünfecken gebildete Seitenflächen besitzt. Dodekaeder zählen zu den fünf platonischen Körpern. Ein Rhombendodekaeder ist ein Beispiel für ein unregelmäßiges Dodekaeder.

Euler-Charakteristik Begriff in der Topologie, der benutzt wird, um die spezifische topologische Kennzahl einer Form zu beschreiben. Bei dreidimensionalen Polyedern beruht die Kennzahl auf der Gleichung $V - E + F =$ Euler-Charakteristik, wobei E für die Anzahl der Ecken, K für die Anzahl der Kanten und F für die Anzahl der Flächen steht.

Fakultät Das Produkt einer Reihe abnehmender positiver ganzer Zahlen, wie zum Beispiel $6 \times 5 \times 4 \times 3 \times 2 \times 1$. Als Symbol für Fakultät wird das Ausrufezeichen (!) verwendet, dementsprechend $4! = 4 \times 3 \times 2 \times 1 = 24$.

Fraktale Dimension Die Größe oder Dimension einer fraktalen Menge kann eine Zahl zwischen zwei natürlichen Zahlen sein. Die fraktale Dimension ist ein Maß für die scheinbare Selbstähnlichkeit eines Fraktals.

Ikosaeder Ein regelmäßiges Polyeder mit zwanzig aus jeweils gleichseitigen Dreiecken gebildeten Seitenflächen. Ikosaeder gehören zu den fünf platonischen Körpern.

Iteration In der fraktalen Geometrie ein wiederholter Vorgang, bei dem jedes Mal die gleichen Rechen- und Konstruktionsschritte durchgeführt werden.

Jones-Polynom In der Knotentheorie ein Polynom, das bestimmte Merkmale spezieller Knoten beschreibt.

Kleinsche Flasche Ein geometrisches Objekt, dessen Oberfläche nur eine Seite und keine Kanten hat. Eine Kleinsche Flasche kann nicht in drei Dimensionen ohne Selbstdurchdringung dargestellt werden. Sie wurde nach dem deutschen Mathematiker Felix Klein benannt, der diese Fläche erstmals 1882 beschrieb.

Koch-Schneeflocke Eines der ersten fraktalen Objekte in der fraktalen Geometrie. Jede Seite eines gleichseitigen Dreiecks durchläuft eine Iteration (ein wiederholter Vorgang), bei der das mittlere Drittel jeder Seite durch zwei Strecken von derselben Länge wie die Ausgangsteile ersetzt wird, sodass sich zusammen mit dem entfernten mittleren Teilstück wieder ein gleichseitiges Dreieck ergibt. Dieser Prozess wird unendlich oft wiederholt.

Komplexe Zahl Jede Zahl, die Teile einer reellen und einer imaginären Zahl besitzt, wie zum Beispiel $a + bi$, wobei a und b reelle Zahlen sind und i gleich $\sqrt{-1}$ ist.

Oktaeder Der Begriff wird verwendet, um ein regelmäßiges Polyeder zu beschreiben, das acht aus gleichseitigen Dreiecken gebildete Seitenflächen besitzt. Oktaeder sind einer der fünf platonischen Körper.

Polyeder Jeder Körper mit vier oder mehr aus Polygonen gebildeten Seitenflächen. In regelmäßigen Polyedern, wie zum Beispiel den platonischen Körpern, bestehen die Flächen aus regelmäßigen Polygonen. Auch Vielflächner genannt.

Polygon Jede zweidimensionale Form, die drei oder mehr gerade Seiten besitzt. Auch als Vieleck bezeichnet.

Polynom Ein Ausdruck, der Zahlen und Variablen benutzt und nur die Operationen von Addition, Multiplikation und positiven ganzzahligen Exponenten, z. B. x^2, zulässt. (Siehe auch *Polynomiale Gleichungen*, Seite 80.)

Tetraeder Der Begriff wird benutzt, um ein regelmäßiges Polyeder zu beschreiben, das vier aus gleichseitigen Dreiecken bestehende Seitenflächen besitzt (daher auch die alternative Bezeichnung als dreiseitige Pyramide). Tetraeder zählen zu den fünf platonischen Körpern.

Torus In der Geometrie eine Figur, die die Form eines Donuts hat.

Vertex Die Ecke eines Polygons oder Polyeders.

Würfel Ein Körper mit sechs aus regelmäßigen Quadraten gebildeten Seitenflächen. Der Würfel ist einer der fünf platonischen Körper.

PLATONISCHE KÖRPER

Mathe in 30 Sekunden

3-SEKUNDEN-ÜBERBLICK
Ein platonischer Körper ist ein
dreidimensionaler Körper,
dessen Seitenflächen alle aus
zweidimensionalen regelmäßigen Polygonen bestehen.

3-MINUTEN-REFLEXION
Im *Timaios* setzt Platon diese
„Polyeder" den fünf natürlichen „Elementen" jener Zeit
gleich: der Würfel entspricht
der Erde, das Tetraeder dem
Feuer, das Oktaeder der Luft,
das Ikosaeder dem Wasser und
das Dodekaeder dem Äther,
aus dem das Universum ge-
schaffen ist. Heute haben all
diese Körper wegen ihrer
perfekten Formen die Welt der
Spiele erobert, und zwar als
Würfel, die wir werfen, wenn
wir Zufallszahlen benötigen.

Es ist nicht besonders schwierig, unterschiedliche Polygone zu einem Körper zusammenzufü-
gen, man denke beispielsweise an einen Standardfuß-
ball mit seinen ineinandergreifenden Sechsecken und
Fünfecken. Das Gleiche aber mit nur einer einzigen
polygonalen Form durchzuführen, ist erheblich
schwerer. Es lässt sich tatsächlich auch nur auf fünf
Arten realisieren, nämlich als Würfel mit sechs aus
Quadraten gebildeten Seitenflächen, als Tetraeder,
Oktaeder und Ikosaeder, deren Seitenflächen aus vier,
acht beziehungsweise zwanzig gleichseitigen Dreiecken bestehen, sowie als Dodekaeder mit zwölf
Fünfecken. Die Griechen der Antike untersuchten
ausführlich diese Gruppe geometrischer Körper. Platon
schrieb darüber in seinem Dialog *Timaios*, und man
nimmt an, dass Theaitetos (ein Zeitgenosse Platons)
als Erster den Beweis führte, dass über diese fünf
Körper hinaus keine weiteren existieren würden.
Weshalb ist das so? Wenn mehr als zwei gleichseitige
Polygone aufeinandertreffen, dann müssen sie an
ihren Ecken zusammenpassen. An einer Ecke muss die
Winkelsumme der dort zusammentreffenden
Polygone kleiner als 360° sein. (Die Winkelsumme
kann nicht größer als 360° sein; wenn sie gleich 360°
ist, wird die Form eben.) Das ist eine große Einschrän-
kung. Jedes regelmäßige Polygon mit sechs oder mehr
Seiten hat einen Winkel, der größer als 120° ist,
sodass drei solcher Polygone nicht aneinandergefügt
werden könnten. Und so verbleiben nur wenige
Möglichkeiten – es sind genau fünf – um aus
gleichseitigen Polygonen einen dreidimensionalen
Körper zu konstruieren.

SIEHE AUCH
ARCHIMEDES VON SYRAKUS
Seite 122

3-SEKUNDEN-BIOGRAFIEN
PYTHAGORAS
um 570 – um 490 v. Chr.

PLATON
um 428 – um 347 v. Chr.

ARCHIMEDES VON SYRAKUS
um 287 – um 212 v. Chr.

30-SEKUNDEN-TEXT
Richard Brown

*Die fünf platonischen
Körper, im Uhrzeigersinn
von links: der Würfel, das
Tetraeder, das Dode-
kaeder, das Ikosaeder und
das Oktaeder.*

TOPOLOGIE

Mathe in 30 Sekunden

SIEHE AUCH
DAS MÖBIUSBAND
Seite 120

DIE KNOTENTHEORIE
Seite 130

DIE POINCARÉ-VERMUTUNG
Seite 146

3-SEKUNDEN-BIOGRAFIEN
LEONHARD EULER
1707 – 1783

JULES HENRI POINCARÉ
1854 – 1912

FELIX HAUSDORFF
1868 – 1942

MAURICE RENÉ FRÉCHET
1878 – 1973

LUITZEN EGBERTUS JAN
BROUWER
1881 – 1966

30-SEKUNDEN-TEXT
Richard Elwes

3-SEKUNDEN-ÜBERBLICK

Wie die Geometrie befasst sich auch die Topologie mit Formen. Der Unterschied liegt darin, dass Topologen zwei Formen als gleich einstufen, wenn sie ineinander überführt werden können (Homöomorphismus).

3-MINUTEN-REFLEXION

Eine wichtige topologische Kennziffer einer Form ist die „Euler-Charakteristik". Dazu muss man Ecken zeichnen und diese durch Kanten miteinander verbinden. Man könnte auf einer Kugel zwei Ecken und zwei Kanten zeichnen und die Fläche so in zwei Flächen unterteilen. Für jede topologische Sphäre gilt, dass mit E Ecken, K Kanten und F Flächen die Gleichung $E - K + F = 2$ erfüllt sein muss. (Ein Würfel hat 8 Ecken, 12 Kanten und 6 Flächen.) Die Euler-Charakteristik eines Torus hingegen ist 0, das heißt, dass $E - K + F = 0$ ist.

In der Topologie werden Gegenstände wie ein Würfel, eine Pyramide und eine Kugel alle als gleich angesehen. Der Grund dafür ist, dass Topologen sich nicht für die genauen geometrischen Einzelheiten einer Form interessieren, wie beispielsweise Länge, Fläche, Winkel oder Krümmung. Die Topologie befasst sich vielmehr mit den allgemeinen Eigenschaften eines Objekts, nämlich mit Eigenschaften, die beim Dehnen oder Biegen von Dingen (jedoch nicht deren Zerschneiden oder Zusammenkleben) unverändert bleiben. Welche Eigenschaften eines Objekts bleiben bei diesen Verformungen erhalten? Eine typische topologische Eigenschaft ist die Anzahl und die Art von Löchern in einer Form. Ein kleines „i" zum Beispiel besteht aus zwei Teilen, die durch eine Lücke voneinander getrennt sind, und es ist durch topologisches Umformen nicht möglich, diese Lücke zu schließen, das heißt, dass „i" zwar äquivalent zu „j" und „11" ist, nicht aber zu „L" oder „3". Das Loch in einem „O" kann ebenfalls nicht entfernt werden, sodass der Buchstabe topologisch identisch mit einem „A" oder einer „9" ist, nicht aber mit einer „8" wegen ihrer 2 Löcher. Die Karte der Londoner U-Bahn ist ein praktisches Beispiel für eine Topologie. Die detaillierte Geografie der Stadt ist so weit reduziert, dass die wesentlichen topologischen Eigenschaften wie die Reihenfolge der U-Bahn-Stationen oder die Knotenpunkte der verschiedenen U-Bahn-Linien deutlich dargestellt werden können.

Was ist der Unterschied zwischen einer Kugel und einem Würfel? Den Topologen zufolge gibt es keinen.

DER PERFEKTE QUADER

Mathe in 30 Sekunden

Es ist einfach, ein Rechteck zu zeichnen, bei dem sowohl die Höhe als auch die Breite natürliche Zahlen sind. Schwieriger aber wird es, falls auch die Diagonalenlänge eine natürliche Zahl sein soll. Wenn man ein 1 cm hohes und 1 cm breites Quadrat zeichnet, dann ergibt sich eine Diagonale von rund 1,41 cm, nämlich $\sqrt{2}$ cm gemäß dem Satz des Pythagoras. Das gilt für jedes Quadrat: werden die Seiten nämlich aus natürlichen Zahlen gebildet, kann die Diagonale keine natürliche Zahl sein. Das trifft auch auf viele Rechtecke zu, bei einigen allerdings funktioniert es. Bei einem Rechteck zum Beispiel mit einer Breite von 3 cm und einer Höhe von 4 cm ist die Diagonale 5 cm und bei einem weiteren mit Seitenlängen von 5 cm und 12 cm beträgt die Diagonalenlänge 13 cm. Leonhard Euler wollte einen Quader konstruieren, bei dem alle Kantenlängen ebenso wie jede Flächendiagonale natürliche Zahlen sein sollten. Der erste solche Quader, den Paul Halcke 1719 entdeckte und der im englischen Sprachraum folglich als „Euler Brick" bezeichnet wird, ist 44 Einheiten hoch, 117 Einheiten breit und 240 Einheiten lang, seine Flächendiagonalen betragen 125, 244 und 267 Einheiten. Seitdem sind weitere „Euler Bricks" konstruiert worden. Eine zusätzliche Herausforderung besteht darin, einen „Euler Brick" zu konstruieren, bei dem auch noch die Länge der Raumdiagonale (die Strecke, die im Inneren von einer Ecke zur gegenüberliegenden verläuft) eine natürliche Zahl ist. Einen solchen Quader würde man perfekt nennen, aber bislang hat ihn noch niemand konstruieren können, und es ist fraglich, ob er überhaupt existiert.

SIEHE AUCH
DIE ZAHLENTHEORIE
Seite 30
PYTHAGORAS
Seite 100
TRIGONOMETRIE
Seite 102

3-SEKUNDEN-BIOGRAFIEN
PAUL HALCKE
gest. 1731

LEONHARD EULER
1707 – 1783

CLIFFORD REITER
geb. 1957

30-SEKUNDEN-TEXT
Richard Elwes

3-SEKUNDEN-ÜBERBLICK
Ein Quader ist eine aus sechs Rechtecken gebildete Form. Der Schweizer Mathematiker Leonhard Euler war besonders an Quadern interessiert, bei denen alle Längenmaße natürlichen Zahlen entsprechen.

3-MINUTEN-REFLEXION
Sollte es perfekte Quader geben, wären sie alles andere als „klein". Mithilfe von Computern haben Mathematiker berechnet, dass falls perfekte Quader existieren, eine Seite länger als 1.000.000.000.000 Einheiten sein müsste. Einem perfekten Quader am nächsten kommt das perfekte Parallelepiped, das aus zwei Rechtecken mit vier Parallelogrammen (wie Rechtecke, aber die Seiten sind nicht rechtwinklig zueinander) gebildet wird. Alle Maße und Diagonalen dieses Körpers entsprechen natürlichen Zahlen.

Jeder weiß, wie ein Quader aussieht. Aber hat jemand schon einmal einen perfekten Quader gesehen? Mathematikern ist es bislang nicht gelungen.

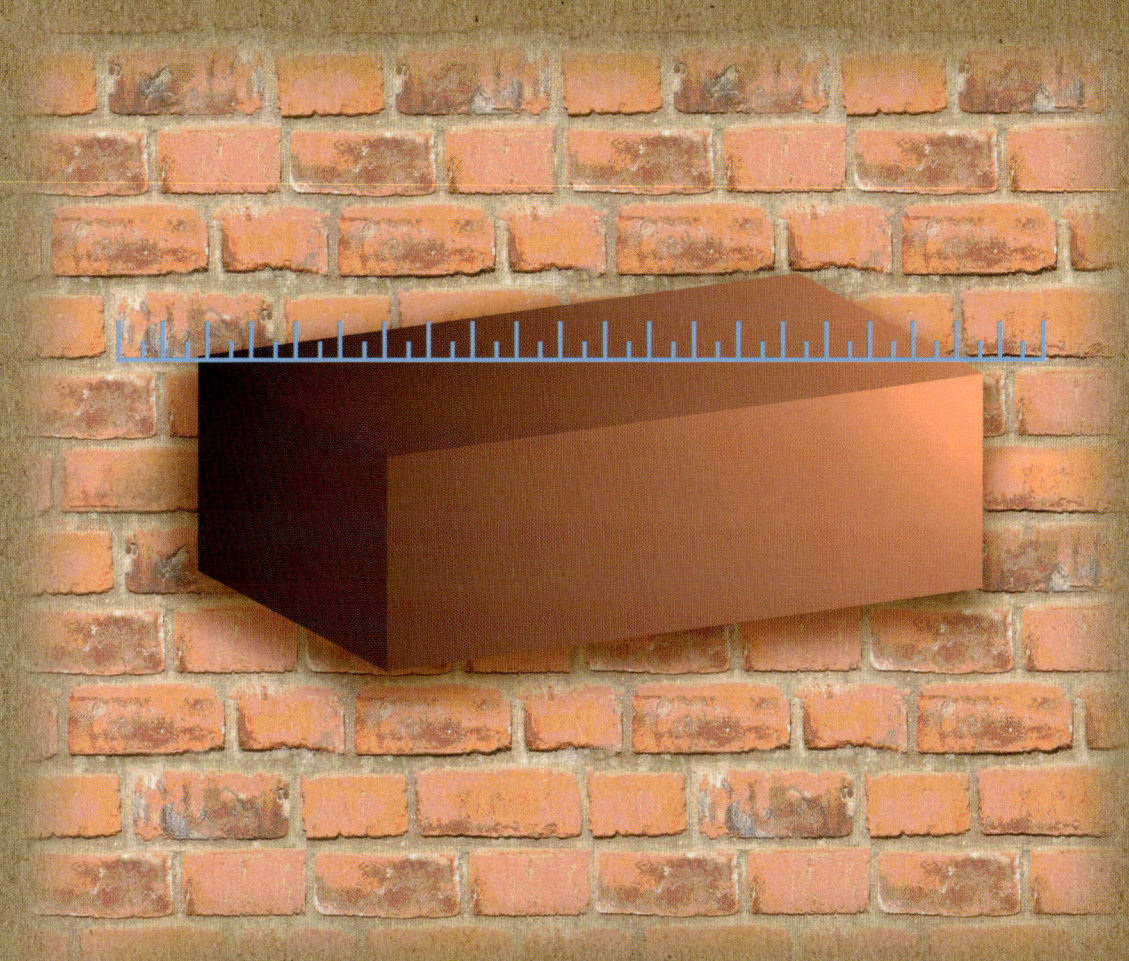

DAS MÖBIUSBAND

Mathe in 30 Sekunden

3-SEKUNDEN-ÜBERBLICK

August Möbius' einseitiger Papierring eröffnet eine Welt exotischer Formen.

3-MINUTEN-REFLEXION

Man nehme eine Kugel, schneide darin zwei Löcher und verbinde deren Kanten mit einem Zylinder. Das Ergebnis ist ein Torus (eine donutförmige Struktur). Nun nehme man eine andere Kugel, schneide darin ein einziges Loch und hefte dann entlang der Kante ein Möbiusband (das lässt sich aber unmöglich im dreidimensionalen Raum durchführen). In der Topologie lassen sich alle Oberflächen aus einer Kugel herstellen, und zwar indem diese Prozesse, also Löcher ausstanzen und Zylinder sowie Möbiusbänder anheften, wiederholt werden.

Man beginne mit einem rechteckigen

Papierstreifen und klebe ein Ende an das andere. So entsteht ein zylinderförmiger Papierring. Wenn man dieses Rechteck aber der Länge nach um 180° dreht, bevor man die Enden miteinander verbindet, erhält man etwas viel Faszinierenderes, nämlich ein Möbiusband. Das Interessante an diesem einfachen Papierband ist, dass es nur eine Seite und eine Kante besitzt. Zeichnet man nun eine Linie entlang der Mitte des Bands, dann passiert diese sowohl die „Innenseite" als auch die „Außenseite", bevor sie wieder den Ausgangspunkt erreicht, da die zwei Seiten tatsächlich nur eine einzige Seite bilden. Man stelle sich nun vor, dass man das Band entlang der Mittellinie zerschneide und dadurch halbiere. Interessanterweise zerfällt das Band dabei nicht in zwei neue Ringe, sondern es ergibt sich ein zweifach verdrillter Ring. Probieren Sie es aus! Seit ihrer Entdeckung 1858 durch August Möbius haben die Bänder Kinder und Erwachsene gleichermaßen begeistert. Das Möbiusband ist für Mathematiker insbesondere von Bedeutung wegen der weiteren Formen, die sich daraus konstruieren lassen. Nimmt man zum Beispiel zwei Möbiusbänder und klebt sie entlang ihrer Kanten zusammen, lässt sich eine einseitige Oberfläche herstellen, die als Kleinsche Flasche bekannt ist. (Das Problem ist nur, dass sich die Kleinsche Flasche unmöglich im dreidimensionalen Raum darstellen lässt, ohne dass sich die Oberfläche der Flasche selbst durchdringt.)

SIEHE AUCH

TOPOLOGIE
Seite 116

DIE KNOTENTHEORIE
Seite 130

DIE POINCARÉ-VERMUTUNG
Seite 146

3-SEKUNDEN-BIOGRAFIEN

LEONHARD EULER
1707 – 1783

AUGUST FERDINAND MÖBIUS
1790 – 1868

JOHANN BENEDICT LISTING
1802 – 1882

FELIX KLEIN
1849 – 1925

30-SEKUNDEN-TEXT

Richard Elwes

Das Möbiusband hat seit mehr als anderthalb Jahrhunderten Menschen ebenso verblüfft wie erfreut.

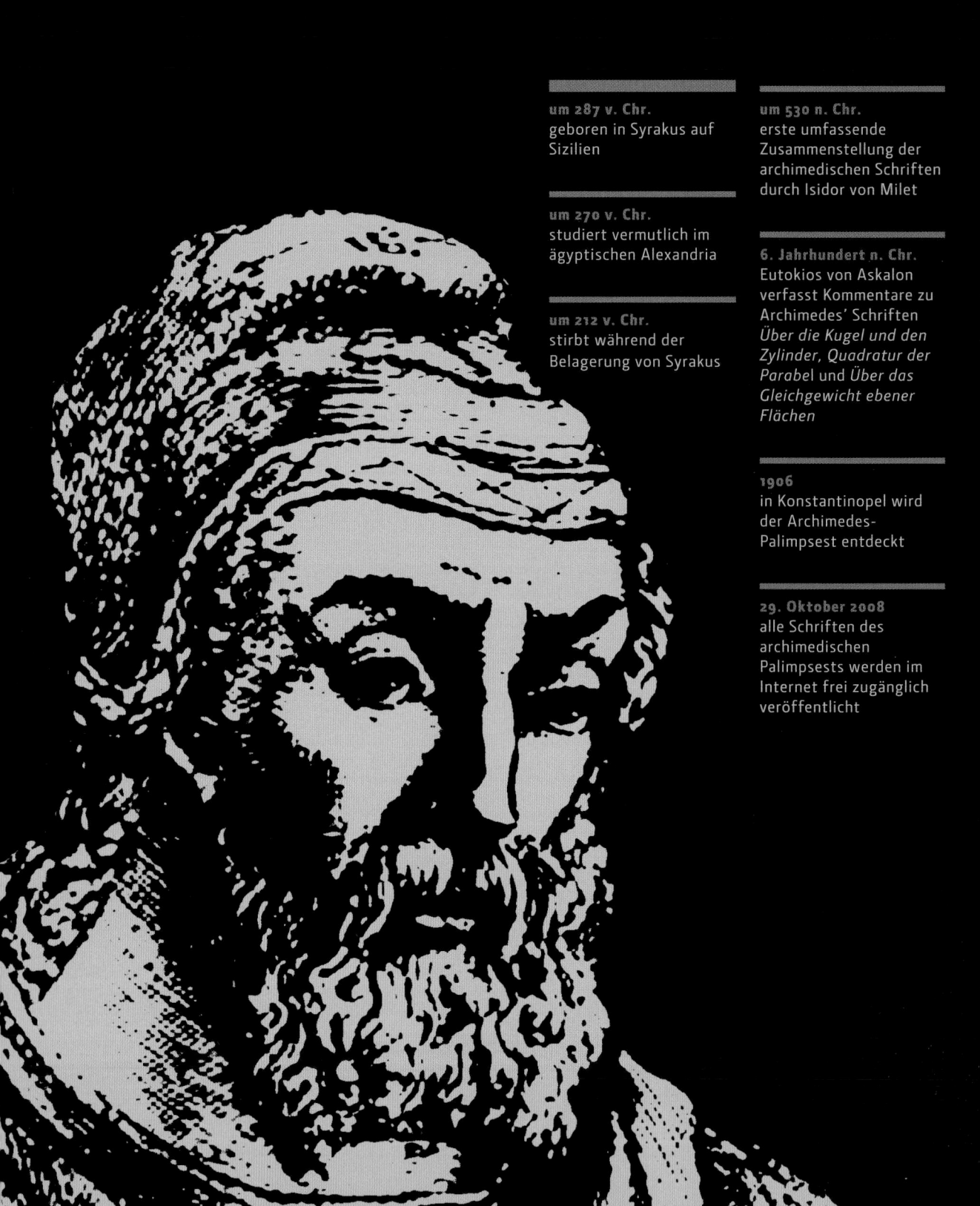

um 287 v. Chr.
geboren in Syrakus auf
Sizilien

um 270 v. Chr.
studiert vermutlich im
ägyptischen Alexandria

um 212 v. Chr.
stirbt während der
Belagerung von Syrakus

um 530 n. Chr.
erste umfassende
Zusammenstellung der
archimedischen Schriften
durch Isidor von Milet

6. Jahrhundert n. Chr.
Eutokios von Askalon
verfasst Kommentare zu
Archimedes' Schriften
*Über die Kugel und den
Zylinder, Quadratur der
Parabel* und *Über das
Gleichgewicht ebener
Flächen*

1906
in Konstantinopel wird
der Archimedes-
Palimpsest entdeckt

29. Oktober 2008
alle Schriften des
archimedischen
Palimpsests werden im
Internet frei zugänglich
veröffentlicht

ARCHIMEDES VON SYRAKUS

In der allgemeinen Wahrnehmung ist Archimedes der erfindungsreiche Ingenieur, der aus dem Bad springt, nackt durch die Straßen rennt und „Heureka!" („Ich habe es gefunden!") ausruft, nachdem er eine Möglichkeit entdeckt hatte, wie man das Volumen eines unregelmäßigen Körpers bestimmen kann, indem man nämlich die Menge Wasser misst, die der Gegenstand verdrängt. Wie so manche treffende Erzählung ist auch diese vermutlich nicht wahr, allerdings hat Archimedes tatsächlich das nach ihm benannte Prinzip herausgefunden, das besagt, dass ein ganz oder teilweise in Flüssigkeit eingetauchter Körper von einer Kraft gleich dem Gewicht der verdrängten Flüssigkeit nach oben gedrückt wird. Der bekannteste praktische Mathematiker der griechischen Antike ist zudem berühmt wegen der gleichnamigen Schraube (die auf den Hebe-Eigenschaften einer Spirale beruht) und seiner Erklärungen zu den Hebelgesetzen. Er erfand außerdem militärische Waffen, etwa die „Kralle des Archimedes" (ein Kran zum Herausheben feindlicher Schiffe aus dem Wasser) oder den „Todesstrahl" (eine Anordnung von Spiegeln zur Bündelung des Sonnenlichts, um eine gegnerische Flotte in Brand zu setzen) – es ist allerdings sehr fraglich, ob diese Waffen überhaupt funktionierten.

Obwohl sein Werk, das schon im 6. Jahrhundert n. Chr. niedergeschrieben wurde, den griechischen ebenso wie den mittelalterlichen Gelehrten vertraut war, erhielten heutige Mathematiker erst vor relativ kurzer Zeit tatsächlich Aufschluss darüber, dass all seine Erfindungen auf gut fundierten mathematischen Theorien basierten. 1906 brachte die Entdeckung des Archimedes-Palimpsests Licht in sein theoretisches Werk. Einige Entschlüsselungen gelangen bereits in den 1910er-Jahren, aber erst mithilfe moderner bildgebender Verfahren ließen sich die überschriebenen Texte vollständig sichtbar machen, sodass sich Archimedes' Methodik erschließen ließ. Die Schriften offenbaren, wie nahe Archimedes der Bestimmung des Werts von π gekommen ist, welche Methode er benutzte, um die Fläche unter einer Parabel zu berechnen, weshalb er ein Zahlensystem zur Basis 10 entwickelte und wie er seinen Beweis führte – auf den er besonders stolz war – dass eine Kugel zwei Drittel der Oberfläche und zwei Drittel des Volumens eines Zylinders mit demselben Durchmesser und der entsprechenden Höhe hat. Lange nach seinem Tod 212 v. Chr. aus der Hand eines übereifrigen römischen Soldaten während der Belagerung von Syrakus hat der Philosoph und begnadete Redner Cicero im Jahr 75 v. Chr. die stark vernachlässigte Grabstätte von Archimedes wiederentdeckt und sie instand setzen lassen. Auf seinem – mittlerweile nicht mehr existierenden – Grab soll sich eine Darstellung von Kugel und Zylinder befunden haben.

FRAKTALE
Mathe in 30 Sekunden

Im späten 19. und frühen 20. Jahrhundert konstruierten Mathematiker eine Reihe von Gebilden, die mithilfe der Mathematik jener Zeit nur schwer zu verstehen waren. Die Cantor-Menge ist eine unendliche Menge von Punkten, die man erhält, indem man mit einer Strecke beginnt, bei der man zunächst das mittlere Drittel entfernt, dann die mittleren Drittel der beiden übrigen Teilstrecken, danach die mittleren Drittel der vier übrigen Teilstrecken und so weiter. Dieser Prozess, bei dem sich der gleiche Schritt oder eine Folge von Schritten wiederholt, wird Iteration genannt, die die wichtigste Operation bei Fraktalen bildet. Zu den frühen Beispielen gehören Kurven, wie zum Beispiel die Koch-Kurve oder die Peano-Kurve, und das Sierpinski-Dreieck, das in Beziehung zum Pascalschen Dreieck steht. In der Koch-Kurve (ein der Koch-Schneeflocke verwandtes Objekt) wird bei jeder Iteration jeder gerade Streckenabschnitt durch vier gleiche Drittel-Teilstücke ersetzt, sodass die Kurve mit jeder Iteration anwächst. Man sagt, dass solche Objekte eine fraktale Dimension haben, zum Beispiel eine zwischen der einer Strecke und der einer Ebene. Wenn man eine Iterationsvorschrift für eine einfache Funktion wie $x^2 + c$ anwendet, wobei x und c komplexe Zahlen sind (Zahlen, die Teile einer reellen und einer imaginären Zahl besitzen), und dann die Ergebnisse graphisch in der komplexen Ebene dargestellt werden, resultieren komplizierte, wundervolle Objekte, die als Julia-Menge bezeichnet werden. Benoît Mandelbrot benutzte Computer, um diese Mengen, aber auch die damit verwandte Mandelbrot-Menge zu veranschaulichen, und entwickelte Fraktale zu einem eigenständigen Zweig der Geometrie in der Mathematik.

3-SEKUNDEN-ÜBERBLICK
Ein Fraktal ist ein abstraktes oder physikalisches Objekt, das selbstähnliche Strukturen bei verschiedenen Vergrößerungen zeigt.

3-MINUTEN-REFLEXION
Die Idee, eine Reihe einfacher Anweisungen zu wiederholen, um komplexe Objekte zu erzeugen, ist sehr effizient, und viele Dinge in der Natur weisen fraktale Eigenschaften auf, wobei die Anzahl an Stufen selbstähnlicher Strukturen begrenzt ist. Dazu gehören sich verzweigende Strukturen wie Bäume, Flusssysteme oder die menschlichen Blutgefäße. Die Küstenlinie Englands ist ein Beispiel für eine fraktale Kurve. Fraktale Oberflächen finden sich beim Broccoli, bei Bergen und Wolken.

SIEHE AUCH
IMAGINÄRE ZAHLEN
Seite 18

DIE UNENDLICHKEIT
Seite 38

FUNKTIONEN
Seite 46

GRAPHEN
Seite 108

3-SEKUNDEN-BIOGRAFIEN
GEORG CANTOR
1845 – 1918

HELGE VON KOCH
1870 – 1924

WACLAW SIERPINSKI
1882 – 1969

GASTON JULIA
1893 – 1978

BENOÎT MANDELBROT
1924 – 2010

30-SEKUNDEN-TEXT
Robert Fathauer

Die ersten vier Schritte in der iterativen Konstruktion eines klassischen Fraktals, das als Koch-Kurve bezeichnet wird.

ORIGAMI-MATHEMATIK

Mathe in 30 Sekunden

Origami, die jahrhundertealte japanische Kunst des Papierfaltens, ist grundsätzlich geometrischer Natur. In den letzten Jahrzehnten sind viele Fortschritte erzielt worden hinsichtlich der Orgami-Mathematik. Huzita, Justin und Hatori haben eine Reihe von Axiomen für Origami aufgestellt, die ähnlich den Axiomen sind, die für die Geometrie formuliert wurden. Darüber hinaus sind in den letzten Jahren mathematische Sätze, die sich mit theoretischen Fragen des Origami befassen, bewiesen worden. Lang und andere haben Algorithmen entwickelt, die hilfreich sind, um optimale Lösungen für das Falten komplizierter Figuren zu finden, und sie haben zudem Computerprogramme geschrieben, die diese Algorithmen anwenden. Wenn man diese Programme einsetzt, entstehen Faltvorlagen, die die Berg- und Talfaltungen angeben, die nötig sind, um eine gewünschte Form herzustellen. Während sich das klassische Origami mit figürlichen Darstellungen wie Tieren und Blumen beschäftigt, stehen bei einigen modernen Origami-Techniken geometrische Formen im Vordergrund. Bei Origami-Parkettierungen wird ein Vorlagengitter als Ausgangspunkt benutzt, um geometrische Formen zu schaffen, die oft Wiederholungen aufweisen. Fujimoto gilt als Begründer dieses Geometriezweigs. Beim modularen Origami werden mehrere Blätter Papier verwendet, um dann zu komplexeren Modellen zusammengesetzt zu werden.

3-SEKUNDEN-ÜBERBLICK
Origami-Mathematik ist die Kunst, ein üblicherweise quadratisches Blatt Papier so zu falten, dass daraus eine komplexe Form entsteht.

3-MINUTEN-REFLEXION
Die Origami-Mathematik ist für die Lösung ganz unterschiedlicher technischer Probleme in der echten Welt angewendet worden. So wurde ein auf Origami-Faltungen beruhendes Solarmodul in einen japanischen Satelliten eingebaut. In der Automobilindustrie werden Origami-Faltungen eingesetzt, um die optimale Faltung eines Airbags zu bestimmen. In der Medizin wurde ein Origami-Stent zur Erweiterung verstopfter Blutgefäße entwickelt. Eine dünne Kunststofflinse, die sich entfaltet, wurde schließlich für den Einsatz in großen im Orbit stationierten Weltraumteleskopen entworfen.

SIEHE AUCH
ALGORITHMEN
Seite 84
EUKLIDS ELEMENTE
Seite 94
PLATONISCHE KÖRPER
Seite 114

3-SEKUNDEN-BIOGRAFIEN
SHUZO FUJIMOTO
geb. 1922
HUMIAKI HUZITA
1924 – 2005
ROBERT LANG
geb. 1961

30-SEKUNDEN-TEXT
Robert Fathauer

Eine Origami-Parkettierung, die aus einem einzigen Blatt mit sich wiederholenden Quadraten gefaltet wurde.

DER ZAUBERWÜRFEL

Mathe in 30 Sekunden

Der Zauberwürfel wurde 1974 von

Ernő Rubik erfunden und kam 1977 in seinem Heimatland Ungarn auf den Markt. 1980 übernahm Ideal Toy Company die Weltrechte an dem Würfel, und bis heute sind mehr als 300 Millionen Exemplare verkauft worden. Ein Drehmechanismus ermöglicht es, jede der sechs Würfelflächen einzeln zu verstellen. Es gibt mehr als 43 Trillionen (10^{18}) mögliche Anordnungen (Permutationen) der 26 Einzelwürfel. Eine Lösung des Würfels wird einfacher, indem man durch auswendig gelernte Algorithmen ein gewünschtes Ergebnis erzielt, etwa durch das Ausrichten von drei Ecken, ohne andere Stellungen dabei zu verändern. Mithilfe einer von David Singmaster entwickelten Notation für Zugfolgen kann man Algorithmen aufschreiben. Es war auch Singmaster, der eine der bekanntesten allgemeinen Lösungen für den Würfel veröffentlichte. Für Mathematiker ist der Würfel nichts Anderes als eine physikalische Manifestation einer algebraischen Gruppe. Wenn man den Würfel unter diesem Aspekt sieht, dann lässt er sich aus jeder Ausgangsposition in nicht mehr als 20 Zügen lösen. Es dauerte allerdings bis ins Jahr 2010, ehe ein mathematischer Beweis dafür gefunden wurde. Der derzeitige Weltrekord für das Lösen des Würfels wird aktuell mit 5,5 Sekunden von Mats Valk aus den Niederlanden gehalten. Variationen des sogenannten „Speedcubings" sind das Lösen des Würfels mit verbundenen Augen, mit einer Hand und sogar mit einem Fuß.

SIEHE AUCH
DIE WAHRSCHEINLICHKEITS-
THEORIE
Seite 58

ALGORITHMEN
Seite 84

MENGEN & GRUPPEN
Seite 86

PLATONISCHE KÖRPER
Seite 114

3-SEKUNDEN-BIOGRAFIEN
DAVID SINGMASTER
geb. 1939

ERNŐ RUBIK
geb. 1944

30-SEKUNDEN-TEXT
Robert Fathauer

3-SEKUNDEN-ÜBERBLICK
Der Zauberwürfel ist ein mechanisches Drehpuzzle, bei dem die Einzelwürfel so angeordnet werden müssen, dass jede Fläche des 3 × 3 × 3-Würfels einfarbig ist.

3-MINUTEN-REFLEXION
Neben dem klassischen 3 × 3 × 3-Würfel wurden auch 2 × 2 × 2-, 4 × 4 × 4-, 5 × 5 × 5-, 6 × 6 × 6- und 7 × 7 × 7-Würfel hergestellt. Die Anzahl möglicher Anordnungen eines 7 × 7 × 7- Würfels beträgt 10^{160} (eine 1 mit 160 Nullen!). Es gab auch Quaderversionen mit 2 × 2 × 3-, 3 × 3 × 2- und 3 × 3 × 4-Ebenen. Darüber hinaus wurden Varianten produziert, die auf den Platonischen Körpern beruhten, nämlich dem Tetraeder, dem Oktaeder, dem Dodekaeder und dem Ikosaeder. Weitere Polyeder-Modelle waren das Rhombenkuboktaeder, der Tetraederstumpf, der Oktaederstumpf und das Sterntetraeder.

Bei einem Zauberwürfel wird eine Reihe von Drehungen ausgeführt, um einen verstellten Würfel so anzuordnen, dass jede Fläche einfarbig ist – die mögliche Anzahl an Anordnungen beträgt unvorstellbare 43 Trillionen!

DIE KNOTENTHEORIE

Mathe in 30 Sekunden

Wie jeder Seemann oder Pfandfinder

weiß, gibt es viele Arten von Knoten. Sie alle unterscheiden sich dadurch voneinander, wie oft sich die Schnur überkreuzt und sich um sich selbst schlingt. In der Knotentheorie lautet die zentrale Frage, ob zwei Knoten, die unterschiedlich aussehen, tatsächlich auch verschieden sind. Zwei Knoten gelten als äquivalent, wenn sich einer von ihnen durch Zerren oder Dehnen in die Form des anderen überführen lässt, ohne dass die Schnur dabei zerschnitten oder zusammengeklebt wird. Der einfachste aller Knoten wird Unknoten genannt, der einer einfachen, geschlossenen Schlaufe entspricht. Aber schon dies stellt ein grundsätzliches Problem dar, da es nämlich leicht ist, den Unknoten ziemlich verworren und verknotet erscheinen zu lassen. (Jeder, der zum Angeln geht, kann das bestätigen.) Ein Durchbruch gelang 1984 mit der Entdeckung des Jones-Polynoms, das jedem Knoten einen algebraischen Ausdruck zuweist. Wenn zwei Knoten verschiedene Jones-Polynome haben, können sie folglich nicht äquivalent sein. Das funktioniert beispielsweise gut, um einen Knoten von seinem Spiegelbild zu unterscheiden, was zuvor ein schwieriges Problem war. Dennoch ist bislang keine Technik bekannt, mit der sich feststellen lässt, ob zwei Knoten äquivalent sind (manche Knoten, von denen man weiß, dass sie unterschiedlich sind, haben dennoch das gleiche Jones-Polynom) oder ob ein gegebener Knoten überhaupt ein Knoten ist.

3-SEKUNDEN-ÜBERBLICK

Man zerschneide die Schlaufe einer Schnur, mache darin einige Knoten und füge dann die Enden wieder zusammen. Wie kann man feststellen, ob zwei solch verknotete Schlaufen wirklich äquivalent sind? Dieses Rätsel beschäftigt Wissenschaftler seit mehr als einem Jahrhundert.

3-MINUTEN-REFLEXION

Die mathematische Knotentheorie ist sehr wichtig für andere Wissenschaftsbereiche. Die DNA-Stränge in unseren Zellen beispielsweise werden ständig ver- und entknotet durch eine Armee von Enzymen. Wenn die DNA zu stark verknotet ist, sterben die Zellen für gewöhnlich ab. Biochemiker, die verstehen wollen, was die Enzyme machen, müssen die entstehenden Knoten mathematisch analysieren.

SIEHE AUCH
TOPOLOGIE
Seite 116

3-SEKUNDEN-BIOGRAFIEN
WILLIAM THOMSON
(LORD KELVIN)
1824 – 1907

JAMES WADDELL ALEXANDER
1888 – 1971

JOHN CONWAY
geb. 1937

LOUIS KAUFFMAN
geb. 1945

VAUGHAN JONES
geb. 1952

30-SEKUNDEN-TEXT
Richard Elwes

Knoten haben viele Formen. Es ist schwierig, festzustellen, ob zwei Verschlingungen wirklich äquivalent sind.

BEWEISE & LEHRSÄTZE

Algebraische Zahlentheorie Das Teilgebiet der Mathematik, das sich hauptsächlich mit den Eigenschaften und Beziehungen von algebraischen Zahlen beschäftigt. (Eine algebraische Zahl ist die Nullstelle eines von Null verschiedenen Polynoms, das ganzzahlige Koeffizienten besitzt.)

Axiom Eine Theorie oder Aussage, die entweder unmittelbar einleuchtend ist oder ohne Beweis vorausgesetzt wird.

Beweistheorie Der Teilbereich der mathematischen Logik, der Beweise als Objekte an sich beschreibt. Die Beweistheorie spielt eine wichtige Rolle in der Philosophie der Mathematik.

Dezimalzahl Jede Zahl auf einer Zahlengeraden, die ein Dezimalkomma besitzt, z. B. 10,256.

Hyperkugel Eine dreidimensionale Version einer zweidimensionalen Kugel (Oberfläche eines Globus). Die Hyperkugel ist eine kompakte Mannigfaltigkeit ohne Rand oder Löcher und kann nur in vier oder mehr Dimensionen dargestellt werden. Siehe auch *Mannigfaltigkeit.*

Kleinsche Flasche Ein geometrisches Objekt, dessen Oberfläche nur eine Seite und keine Kanten hat. Eine Kleinsche Flasche kann nicht in drei Dimensionen ohne Selbstdurchdringung dargestellt werden. Sie wurde nach dem deutschen Mathematiker Felix Klein benannt, der diese Fläche erstmals 1882 beschrieb.

Komplexe Zahl Jede Zahl, die Teile einer reellen und einer imaginären Zahl besitzt, wie zum Beispiel $a + bi$, wobei a und b reelle Zahlen sind und i gleich $\sqrt{-1}$ ist.

Lineare Gleichung Jede Gleichung, die, wenn sie in einem Graphen dargestellt wird, eine Gerade ergibt. Lineare Gleichungen bestehen aus Termen, die entweder Konstanten sind oder das Produkt einer Konstanten und einer Variablen.

Mannigfaltigkeit Eine Mannigfaltigkeit ist ein Objekt, bei dem jede kleine Umgebung aussieht wie ein gewöhnlicher euklidischer (oder wirklicher) Raum. Mannigfaltigkeiten gibt es in jeder Dimension. Eine Kurve (zum Beispiel ein Kreis) ist eine eindimensionale Mannigfaltigkeit, weil jeder Punkt eine Umgebung hat, die von einer eindimensionalen Linie angenähert werden kann. Eine zweidimensionale Mannigfaltigkeit ist eine Oberfläche (zum Beispiel die einer Kugel), bei der jede Umgebung zu einem zweidimensionalen Flächenstück äquivalent ist. Eine Hyperkugel ist ein Beispiel für eine dreidimensionale Mannigfaltigkeit, bei der jede kleine Umgebung wie der gewöhnliche dreidimensionale Raum erscheint. Siehe auch *Hyperkugel.*

Möbiusband Eine Oberfläche mit einer einzigen Seite und einer fortlaufenden Kante. Das Band lässt sich herstellen, indem man einen rechteckigen Papierstreifen um 180° entlang der Längsachse verdreht und dann die beiden Enden aneinanderfügt.

Natürliche Zahl Manchmal auch als Zählzahl bezeichnet; eine natürliche Zahl ist jede positive ganze Zahl auf einer Zahlengeraden. Die Meinungen sind geteilt, ob die Zahl 0 eine natürliche Zahl ist.

Nichttriviale Lösung Jede Lösung einer linearen Gleichung, in der nicht alle Variablen der Gleichung gleichzeitig null sind. Eine Lösung, in der alle Variablen null sind, nennt man trivial.

Primzahl Jede positive ganze Zahl, die nur durch 1 und sich selbst teilbar ist.

Pythagoreisches Tripel Drei positive ganze Zahlen $(a,\ b$ und $c)$, die die Gleichung $a^2 + b^2 = c^2$ erfüllen. Das bekannteste kleinste pythagoreische Tripel ist (3, 4, 5), weil nämlich gilt: $3^2 + 4^2 = 5^2$.

Reelle Zahl Jede Zahl, die eine Größe auf einer Zahlengeraden ausdrückt. Die reellen Zahlen enthalten alle rationalen Zahlen (das heißt, Zahlen, die als Bruch ganzer Zahlen dargestellt werden können) und die irrationalen Zahlen (die Zahlen, die sich nicht als gemeine Brüche schreiben lassen, wie etwa $\sqrt{2}$).

Satz Eine mathematische Tatsache oder Wahrheit, die auf logischen Schlussfolgerungen beruht oder auf bereits anerkannten Tatsachen oder Axiomen aufbaut.

Torus In der Geometrie eine Figur, die die Form eines Donuts hat.

FERMATS LETZTES THEOREM

Mathe in 30 Sekunden

Als der französische Jurist und begnadete Amateur-Mathematiker des 17. Jahrhunderts Pierre de Fermat sein Exemplar von Diophants *Arithmetica* studierte, gelangte er an einen Abschnitt, in dem pythagoreische Tripel behandelt wurden (die Quadrate zweier natürlicher Zahlen, die sich zum Quadrat einer weiteren natürlichen Zahl summieren, wie zum Beispiel in der Gleichung $3^2 + 4^2 = 5^2$). Eine Formel zur Erzeugung solcher Tripel hatte Euklid in seinen *Elementen* entwickelt. Fermat behauptete, dass sich keine solchen Tripel finden ließen, wenn der Exponent n der Gleichung größer als 2 sei. Er vermerkte in seiner Ausgabe der *Arithmetica*, dass er für seine Aussage einen wunderbaren Beweis entdeckt habe, aber „der Rand des Buches ist zu schmal, um ihn zu fassen." Hunderte von Mathematikern haben abertausende von Stunden damit zugebracht, den Beweis zu führen, aber es gelang ihnen bestenfalls der Nachweis, dass es keine Lösungen für bestimmte Exponenten gab. Fermat veröffentlichte später in seinem Leben einen Beweis für den Fall $n = 4$. Mathematische Schwergewichte wie Euler oder Gauß bewiesen ebenfalls solche speziellen Fälle. Den ersten anspruchsvollen Versuch, eine allgemeine Lösung für alle n anzugeben, unternahm im 19. Jahrhundert Sophie Germain, allerdings blieb Fermats Letztes Theorem (eigentlich: Großer Fermatscher Satz) noch lange eine Vermutung – erst 1994 konnte der britische Mathematiker Andrew Wiles die finale Lösung präsentieren.

3-SEKUNDEN-ÜBERBLICK
Es gibt keine (nichttrivialen) Lösungen mit ganzzahligen und echt positiven Werten für die Gleichung $x^2 + y^2 = z^2$, wenn $n > 2$ ist. Es dauerte mehr als drei Jahrhunderte, ehe die einfache Aussage bewiesen werden konnte.

3-MINUTEN-REFLEXION
Fermats Behauptung hat keine erkennbaren praktischen Auswirkungen. Die Undefiniertheit eines Beweises befeuerte allerdings die Vorstellungskraft von Generationen von Mathematikern. Es ist einfach darzulegen, dass der gesamte Teilbereich der Mathematik, der „Algebraische Zahlentheorie" genannt wird, entstand, nur um dieses einzige Problem zu lösen, und dieser mathematische Zweig hat zu Anwendungen von großer Bedeutung geführt. Wiles' Arbeit stand auf den Schultern von Riesen, und Wiles' erstmalige Veröffentlichung des Beweises brachte es sogar bis auf die Titelseite der *New York Times*.

SIEHE AUCH
DIE ZAHLENTHEORIE
Seite 30

EUKLIDS ELEMENTE
Seite 94

3-SEKUNDEN-BIOGRAFIEN
PIERRE DE FERMAT
1607 – 1665

SOPHIE GERMAIN
1776 – 1831

CARL FRIEDRICH GAUSS
1777 – 1855

ANDREW WILES
geb. 1953

30-SEKUNDEN-TEXT
David Perry

Fermats Randbemerkung wurde erst nach seinem Tod entdeckt. Wiles' erster Artikel, in dem er den Beweis des Großen Fermatschen Satzes führte, war 108 Seiten lang, die Marginalspalten sind allerdings ohne Vermerke geblieben.

intervallum vtrorumcorum 2. minor autem
1 N. atque ideo maior 1 N. + 2. Oportet
itaque 4 N. + 4. triplos esse ad 2. & ad-
huc superaddere 10. Ter igitur 2. adsci-
tis vnitatibus 10. aequatur 4 N. + 4. &
fit 1 N. 3. Erit ergo minor 3. maior 5. &
satisfaciunt quaestioni.

IN QVAESTIONEM VII.

CONDITIONIS appositae eadem ratio est quae & appositae praecedenti quaestioni, nil enim
aliud requirit quàm vt quadratus interualli numerorum sit minor interuallo quadratorum, &
Canones idem hic etiam locum habebunt, vt manifestum est.

QVAESTIO VIII.

PROPOSITVM quadratum diuidere
in duos quadratos. Imperatum sit vt
16. diuidatur in duos quadratos. Ponatur
primus 1 Q. Oportet igitur 16 — 1 Q aequales esse quadrato. Fingo quadratum à numeris quotquot libuerit, cum defectu tot
vnitatum quod continet latus ipsius 16.
esto à 2 N. — 4. ipse igitur quadratus erit
4 Q. + 16. — 16 N. haec aequabuntur vnitatibus 16 — 1 Q. Communis adiiciatur
vtrimque defectus, & à similibus auferan-
tur similia, fient 5 Q. aequales 16 N. & fit
1 N. 16/5 Erit igitur alter quadratorum 256/25
alter verò 144/25 & vtriusque —

TON ... [Greek text]

[Greek text block]

OBSERVATIO DOMINI PETRI DE FERMAT.

*CVbum autem in duos cubos, aut quadratoquadratum in duos quadratoquadratos
& generaliter nullam in infinitum vltra quadratum potestatem in duos eiusdem nominis fas est diuidere cuius rei demonstrationem mirabilem sane detexi.
Hanc marginis exiguitas non caperet.*

QVAESTIO IX.

RVRSVS oportet quadratum 16
diuidere in duos quadratos. Ponatur rursus primi latus 1 N. alterius verò
quotcunque numerorum cum defectu tot
vnitatum, quot constat latus diuidendi.
Esto itaque 2 N. — 4. erunt quadrati, hic
quidem 1 Q. ille verò 4 Q. + 16. — 16 N.
Caeterum volo vtrumque simul aequari
vnitatibus 16. Igitur 5 Q. + 16. — 16 N.
aequatur vnitatibus 16. & fit 1 N. 16/5 erit

H iii

Cubum autem in duos cubos, aut quadrato-quadratum in
duos quadrato-quadratos, et generaliter nullam in infinitum
ultra quadratum potestatem in duos eiusdem nominis fas
est dividere cuius rei demonstrationem mirabilem sane
detexi. Hanc marginis exiguitas non caperet.

17. August 1607
geboren im französischen Beaumont-de-Lomagne, Tarn-et-Garonne

1623 – 1626
Studium des Zivilrechts in Orléans; Abschluss im Juli 1626 als *Baccalaureus Iuris Civilis*

1626 – 1630
Anwalt in Bordeaux

1631 – 1665
erwirbt durch Zahlung einer großen Summe Ende 1630 das Amt eines Richters am Appellationsgericht in Toulouse, an dem er bis zu seinem Tod in verschiedenen Kammern tätig war

1636
das Manuskript seiner Schrift *Ad locos planos et solidos isagoge* (Einführung in die ebenen und körperlichen Örter, deutsch 1923) zirkuliert in Gelehrtenkreisen; die Abhandlung liegt zeitlich vor René Descartes' *La Géometrie*

1654
korrespondiert ausführlich mit Pascal über die Wahrscheinlichkeitstheorie

1654
Briefwechsel mit Christiaan Huygens

1659
letzter Brief an Huygens, in dem er seine Erkenntnisse auf dem Gebiet der Zahlentheorie noch einmal zusammenfasst

12. Januar 1665
stirbt in Castres

1670
die Ausgabe *Diophanti Alexandrini Arithmeticorum libri sex, et de numeris multangulis liber unus* (Bemerkungen zu Diophant, deutsch 1932) mit den Anmerkungen von Pierre de Fermat erscheint (herausgegeben von seinem Sohn Samuel de Fermat)

1679
Fermats Abhandlung *Ad locos planos et solidos isagoge* wird postum in den *Varia opera mathematica* veröffentlicht

1994
Andrew Wiles beweist Fermats Letztes Theorem

PIERRE DE FERMAT

Dank des Geheimnisses, das jahr-
hundertelang sein berühmtes Theorem umgab, zählt
Fermat unter Nicht-Mathematikern zu den bekanntesten Mathematikern überhaupt. Der heute als
Begründer der Zahlentheorie gefeierte Fermat hat
trotz seiner außergewöhnlichen und bedeutenden
Beiträge zur Geometrie, zur Wahrscheinlichkeitstheorie, zur Physik und zur Infinitesimalrechnung zeit
seines Lebens darauf geachtet, seinen Status als
Amateur-Mathematiker unter allen Umständen
beizubehalten. All seine Ideen und Entdeckungen
kommunizierte Fermat in Form von Briefen und
Manuskripten und scheute während seines gesamten Lebens davor zurück, seine Ergebnisse zu
publizieren, weil er sich möglicherweise nicht die
Mühe machen wollte, seine Notizen und Sätze auf
den üblichen Standard von Veröffentlichungen hin
durchzuarbeiten. Wie sein großes Vorbild François
Viète (1540 – 1603) nahm er tagsüber seine Tätigkei-
ten als Rechtsanwalt, Richter und Berater des
Toulouser Magistrats wahr. Da er sich der akademi-
schen Welt fernhielt, brauchte er seine Beweise
nicht strikt durchzuführen und sich auch nicht der
Kritik von Fachleuten zu unterziehen. Einige seiner
mathematischen Zeitgenossen mutmaßten, dass
Fermat seine Beweise deshalb nicht erstelle, weil es
einfach keine gebe, und dass er sie ständig mit
Problemen herausfordere, die zu schwierig seien,
um gelöst zu werden. Fermat konterte solche
Anfeindungen, indem er bewies, dass manche
Probleme keine Lösungen hatten.

Er wurde von den Koryphäen jener Zeit wie
Beaugard, Cavanci und Mersenne hoch geachtet.
Newton verkündete in aller Öffentlichkeit, dass er
seine Differentialrechnung niemals hätte entwickeln
können ohne Fermats Pionierarbeiten zu Kurven und
Tangenten und dessen Fortschritten bei der
Methode zur Bestimmung von Minima und Maxima.
Fermat fand großen Gefallen an einem berühmten
Briefwechsel mit Pascal, in dem die beiden Brief-
partner miteinander um ein Problem bei Glücksspielen rangen und dabei die Grundlagen der Wahrscheinlichkeitstheorie schufen. Fermat war
(unvermeidlich) mit Descartes (dem damals mit
Abstand streitbarsten Mathematiker) bezüglich
neuer Theorien zur Geometrie aneinandergeraten,
weil Fermat dem Philosophen mit der Veröffentlichung seiner Theorie ein ganzes Jahr zuvorgekom-
men war. Auch wenn Fermat recht hatte, so
benutzte Descartes doch seine Verbindungen und
seinen Einfluss in der Gesellschaft, um Fermats
Namen und seine Reputation in Misskredit zu
bringen. Umstritten, brillant und geheimnisvoll bis
zum Schluss nahm Fermat von der Welt Abschied,
allerdings nicht ohne etwas zu hinterlassen, das
wieder wie ein unlösbares Problem erschien, nämlich
sein berühmtes, herausforderndes Letztes Theorem,
das er wie einen nachträglichen Einfall an den Rand
eines seiner Bücher gekritzelt hatte und das für
mehr als drei Jahrhunderte lang nach seinem Tod
unbewiesen blieb.

DER VIERFARBENSATZ

Mathe in 30 Sekunden

Nehmen wir an, dass Sie eine Weltkarte gezeichnet haben und diese nun durch Kolorieren der Länder ästhetischer gestalten wollen. Sie legen fest, dass zwei aneinandergrenzende Gebiete nicht die gleiche Farbe erhalten dürfen. Frankreich, Belgien, Deutschland und Luxemburg benötigen alle eine unterschiedliche Farbe, weil jeder der Staaten eine Grenze mit den anderen drei besitzt. Sie brauchen also mindestens vier verschiedene Farben. Könnte es sein, dass sie irgendwann gezwungen sind, eine fünfte Farbe zu benutzen? Dem Vierfarbensatz gemäß ist das nicht notwendig. Egal, wie groß oder komplex eine Landkarte ist, die Sie einfärben wollen, so lange wie jedes Land ein zusammenhängendes Gebiet darstellt, ist es möglich, die Länder alle mit nur vier Farben zu kolorieren. Trotz seiner einfachen Aussage ist es äußerst schwierig, den Vierfarbensatz zu beweisen, und so dauerte es bis 1976, einhundert Jahre, nachdem der Satz erstmalig formuliert wurde, ehe den beiden US-amerikanischen Mathematikern Kenneth Appel und Wolfgang Haken der Beweis gelang. Während vier Farben zur Tönung einer Landkarte auf einer Kugel oder in einer Ebene ausreichen, trifft dies nicht für Landkarten auf anderen Arten von Oberflächen zu. Kartografen, die einen Torus einfärben wollen, müssen sieben Farben verwenden, beim Möbiusband hingegen genügen sechs Farben.

SIEHE AUCH
TOPOLOGIE
Seite 116

3-SEKUNDEN-ÜBERBLICK
Man benötigt nur vier Farben, um die Staaten auf einer Landkarte so einzufärben, dass keines der aneinandergrenzenden Länder die gleiche Farbe erhält. Warum braucht man nie fünf Farben?

3-MINUTEN-REFLEXION
Der Vierfarbensatz ist der erste größere Satz, der mithilfe eines Computers bewiesen wurde. Appel und Haken fanden ein mathematisches Argument, das den Gegenstand von allen möglichen auf einige tausend Landkarten reduzierte, die ein Computer dann überprüfen konnte. Der Einsatz der damals aufkommenden Technologie löste eine bis auf den heutigen Tag andauernde Debatte aus, ob Computerbeweise als gültige mathematische Beweise akzeptiert werden können.

3-SEKUNDEN-BIOGRAFIEN
WOLFGANG HAKEN
geb. 1928

KENNETH APPEL
1932 – 2013

30-SEKUNDEN-TEXT
Jamie Pommersheim

Wenn man eine Landkarte koloriert, werden nicht mehr als vier Farben benötigt, damit zwei aneinandergrenzende Länder nicht die gleiche Farbe erhalten. Mathematiker brauchten ein Jahrhundert, um zu beweisen, warum eine fünfte Farbe nicht gebraucht wird.

DAS HILBERTPROGRAMM

Mathe in 30 Sekunden

Im frühen 20. Jahrhundert befand sich die Mathematik in einer „Grundlagenkrise". Während Mathematiker immer komplexere Probleme lösten, blieben bestimmte elementare Fragen unbeantwortet. Woher kommen die Zahlen? Welche grundlegenden Gesetzmäßigkeiten gelten für sie? Warum sind einige Fragen hinsichtlich Zahlen so außerordentlich schwierig? David Hilbert hatte eine kühne Idee, um diese Herausforderungen zu bewältigen. Er wollte die Mathematik auf das Nötigste reduzieren und sie nicht anders als ein Spiel behandeln. Genauso wie Schach mit Figuren, etwa Bauern oder Türmen, gespielt wird, so benutzt das Spiel der Mathematik Symbole als dessen Grundelemente, nämlich 0, 1, $+$, $\times$, $=$ und so weiter. Durch die Reduktion der Mathematik auf ein Spiel mit Symbolen, deren „Bedeutungen" vergessen werden, versuchte Hilbert die grundlegenden Regeln der Mathematik zu entdecken. Er hoffte, dass sich auf diese Weise eine ultimative Gewinnstrategie herausbilden ließ. Es wäre dann die einzige Methode, mit der man feststellen könnte, ob irgendeine Aussage über Zahlen wahr oder falsch ist. Hilberts Programm wurde allerdings bedauerlicherweise nie umgesetzt. Kurt Gödels Unvollständigkeitssatz bewies nämlich, dass sich niemals ein vollständiges System von Regeln finden lassen würde. Und Alan Turing wies etwas später mit seinen Arbeiten zu Algorithmen nach, dass es niemals nur ein einziges Verfahren geben könne, um die Wahrheit jeder mathematischen Aussage zu bewerten.

30-SEKUNDEN-TEXT
Richard Elwes

Wie Schach ist die Mathematik auch nur ein Spiel. Aber nach welchen Regeln wird es gespielt?

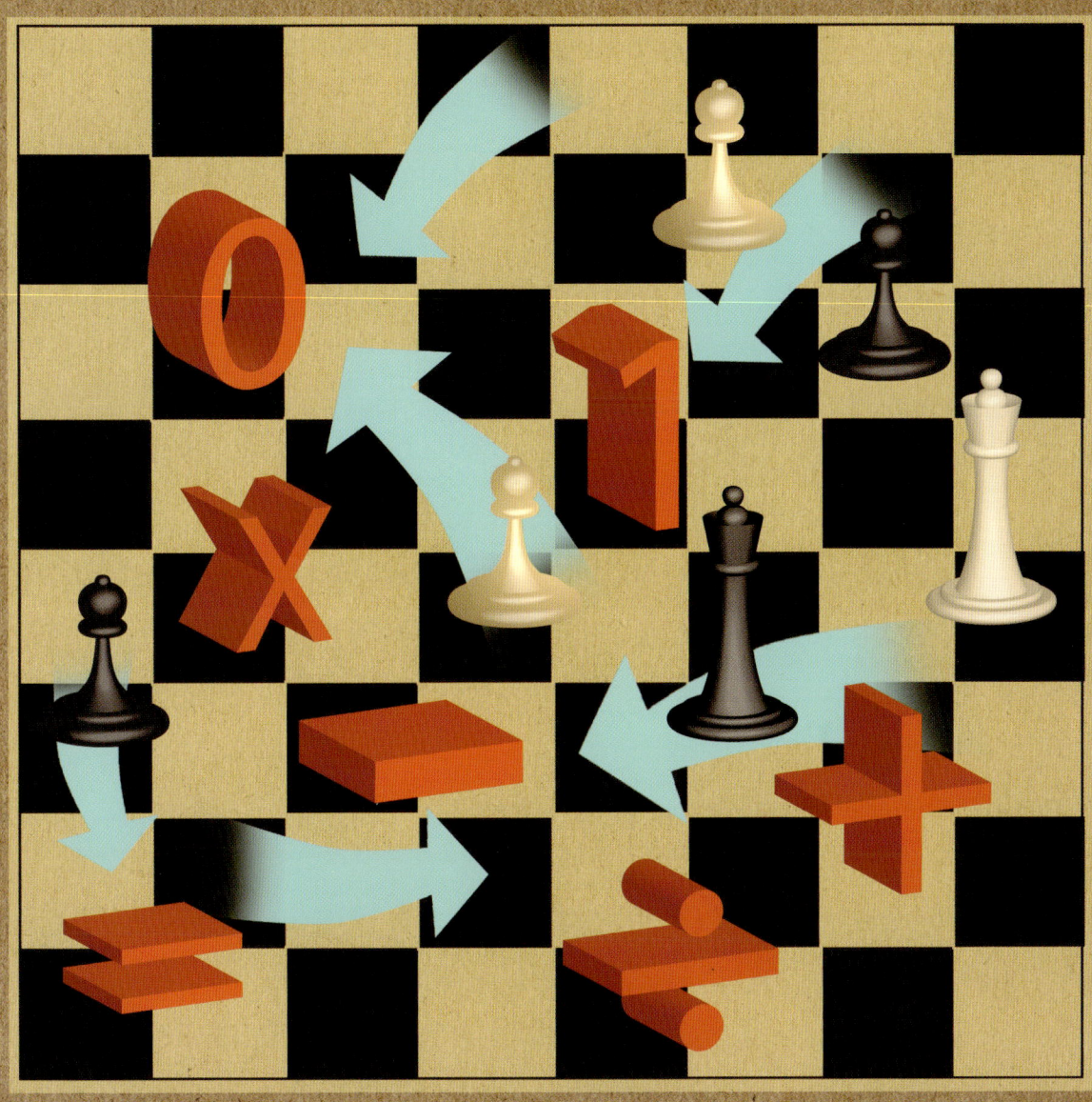

GÖDELS UNVOLLSTÄNDIGKEITSSATZ

Mathe in 30 Sekunden

Den Kernbereich der Mathematik bildet die Arithmetik, das System der natürlichen Zahlen 0, 1, 2, 3, ... zusammen mit den bestens vertrauten Möglichkeiten sie zu verknüpfen, nämlich durch die Addition, die Subtraktion, die Multiplikation und die Division. Mathematiker haben sich jahrtausendelang mit diesem System auseinandergesetzt, ehe im späten 19. Jahrhundert seine grundlegenden Regeln in den Mittelpunkt des Interesses rückten. Was die Mathematiker suchten, war eine Liste mit den elementaren Regeln der Arithmetik, aus denen sich alle übergeordneten Sätze ableiten lassen sollten. Es erschien eine Reihe konkurrierender Regelwerke, allen voran Bertrand Russels und Alfred North Whiteheads *Principia Mathematica*, in denen die beiden Mathematiker versuchen, ein System für die gesamte Mathematik zu schaffen, und in denen sie zu Beginn eine Liste grundlegender Annahmen aufführen. 1931 bewies Kurt Gödel jedoch, dass solche Anstrengungen zum Scheitern verurteilt waren. Er wies nach, dass es unmöglich ist, eine vollständige Liste aller Regeln der Arithmetik aufzustellen. Jeder Versuch wäre zwangsläufig „unvollständig", da es immer irgendeine Aussage über natürliche Zahlen geben würde, die ausgelassen würde: unabhängig davon, ob diese Aussage wahr ist, sie lässt sich nicht aus den gegebenen Regeln ableiten. Natürlich könnte man das Regelwerk erweitern, um diese Aussage als neue Regel einzufügen, dennoch würden immer noch andere Lücken in der Theorie bestehen bleiben. Gödels Satz handelt davon, dass man niemals hoffen darf, alle diese Lücken schließen zu können.

SIEHE AUCH
DIE UNENDLICHKEIT
Seite 38

ALGORITHMEN
Seite 84

DAS HILBERTPROGRAMM
Seite 142

3-SEKUNDEN-BIOGRAFIEN
ALFRED TARSKI
1902 – 1983

JOHN VON NEUMANN
1903 – 1957

KURT GÖDEL
1906 – 1978

JOHN BARKLEY ROSSER
1907 – 1989

GERHARD GENTZEN
1909 – 1945

30-SEKUNDEN-TEXT
Richard Elwes

Die Arithmetik ist voller Lücken. Wie viele Lücken Logiker auch schließen mögen, es werden trotzdem immer mehr bestehen bleiben.

3-SEKUNDEN-ÜBERBLICK
Kurt Gödel verblüffte die Welt mit seiner Enthüllung, dass niemand jemals eine vollständige Liste aller Regeln der Arithmetik aufstellen könne.

3-MINUTEN-REFLEXION
Obwohl Gödel festgestellt hat, dass niemals ein vollständiges Regelwerk für die Arithmetik geschrieben werden kann, wurde später für die Arithmetik eine Hierarchie logischer Systeme konstruiert, in der jedes System viele der Lücken eines unteren Systems füllen kann. In der Beweistheorie wird die logische Konsistenz dieser verschiedenen Systeme miteinander verglichen, während traditionelle Mathematiker untersuchen, an welchen Stellen dieser Systeme klassische mathematische Ergebnisse eingefügt werden können; dabei wird genau gefragt, welche zugrundeliegenden Annahmen benötigt werden, um einen gegebenen Satz zu beweisen.

DIE POINCARÉ-VERMUTUNG

Mathe in 30 Sekunden

Die Oberfläche einer Kugel enthält

keine Löcher. Das ist offensichtlich. Aber was bedeutet es, dass eine Oberfläche keine Löcher hat? Die mathematische Definition lautet wie folgt: wenn man eine Schlaufe auf einer Kugel verschiebt, lässt sie sich in einem einzigen Punkt zusammenziehen. Auf einem Torus (der Oberfläche eines Donuts) funktioniert dies aber nicht immer, führt man nämlich eine Schlaufe um diese Form, verhindert das Loch im Torus ein Zusammenziehen der Schlinge. „Kein Loch" heißt somit für Mathematiker, dass jede Schlinge zusammengezogen werden kann. Der Doppeltorus hat ebenso Löcher wie die exotisch wirkende Kleinsche Flasche. Seit dem frühen 19. Jahrhundert ist bekannt, dass die Kugel die einzige geschlossene Oberfläche ohne Löcher ist, wenn man es aus der Perspektive der Topologie betrachtet. Das heißt, dass jede geschlossene Oberfläche ohne Löcher, wie zum Beispiel ein Würfel, in die Form einer Kugel gezogen werden kann. Oberflächen sind zweidimensionale Formen. Poincaré fragte sich, ob dies auch in drei Dimensionen gelten würde, in der alle Oberflächen durch Formen ersetzt werden, die man „Mannigfaltigkeiten" nennt. Poincaré vermutete, dass die einzige dreidimensionale Mannigfaltigkeit ohne Löcher die „Hyperkugel" ist, der „größere Bruder" der zweidimensionalen Kugel. Grigori Perelman konnte 2003 dafür den Beweis antreten.

SIEHE AUCH
TOPOLOGIE
Seite 116
DAS MÖBIUSBAND
Seite 120

3-SEKUNDEN-BIOGRAFIEN
JULES HENRI POINCARÉ
1854 – 1912

STEPHEN SMALE
geb. 1930

RICHARD HAMILTON
geb. 1943

MICHAEL FREEDMAN
geb. 1951

GRIGORI PERELMAN
geb. 1966

30-SEKUNDEN-TEXT
Richard Elwes

3-SEKUNDEN-ÜBERBLICK
Der französische Mathematiker Henri Poincaré vermutete, dass Kugeln in allen Dimensionen die einzigen Formen sind, die keine Löcher haben. Erst ein Jahrhundert später wurde bewiesen, dass er recht hatte.

3-MINUTEN-REFLEXION
Die Poincarè-Vermutung lässt sich auch für Mannigfaltigkeiten in höheren Dimensionen verallgemeinern. 1961 bewiesen Stephen Smale und Max Newman, dass in allen Dimensionen, die höher als fünf sind, Hyperkugeln die einzigen Formen ohne Löcher sind. 1982 dann bewies Michael Freedman, dass dies auch für vier Dimensionen gilt. Die dreidimensionale Version, die Poincaré am meisten interessiert hatte, war schließlich das letzte Teil des Puzzles.

Wenn sich jede Schlaufe in einem Punkt zusammenziehen lässt, dann muss die Form eine Kugel sein.

DIE KONTINUUMS-HYPOTHESE

Mathe in 30 Sekunden

Die Liste der natürlichen Zahlen lässt sich ewig fortsetzen: 1, 2, 3, 4, 5, … Es gibt aber auch unendlich viele reelle Zahlen (die Dezimalzahlen, zum Beispiel 5,2 oder π oder 0,1234567891011121314). Diese zwei Arten von Unendlichkeit werden als „abzählbar unendlich" und als das „Kontinuum" bezeichnet. Zum Entsetzen seiner Zeitgenossen bewies Georg Cantor, dass diese Unendlichkeiten tatsächlich unterschiedlich „groß" sind. In gewisser Hinsicht hat die Menge der reellen Zahlen eine größere Mächtigkeit als die der natürlichen Zahlen. Aber das war noch nicht alles, denn Cantor fand heraus, dass daneben weitere unendliche Mächtig-keiten bestehen (nämlich unendlich viele). Für die meisten Mathematiker allerdings sind die zwei genannten Arten von Unendlichkeit die wichtigsten. Cantor hatte nachgewiesen, dass das Kontinuum eine größere Mächtigkeit besitzt als die der abzählbar unendlichen Menge der natürlichen Zahlen. Er wusste allerdings nicht, ob irgendeine Mächtigkeit zwischen der Menge der reellen Zahlen und der der natürlichen Zahlen existiert. Er nahm an, dass dies nicht zutreffen würde, und diese Vermutung wurde als „Kontinuums-hypothese" bekannt. Sie blieb bis 1961 ungeklärt, ehe der US-amerikanische Mathematiker Paul Cohen bewies, dass die Kontinuumshypothese formal unentscheidbar ist. Das heißt, dass im Rahmen der gegenwärtigen Mengenlehre die Kontinuums-hypothese weder beweisbar noch unbeweisbar ist.

SIEHE AUCH
DIE UNENDLICHKEIT
Seite 38

DAS HILBERTPROGRAMM
Seite 142

GÖDELS UNVOLLSTÄNDIG-
KEITSSATZ
Seite 144

3-SEKUNDEN-BIOGRAFIEN
GEORG CANTOR
1845 – 1918

KURT GÖDEL
1906 – 1978

PAUL COHEN
1934 – 2007

HUGH WOODIN
geb. 1966

30-SEKUNDEN-TEXT
Richard Elwes

3-SEKUNDEN-ÜBERBLICK
Der deutsche Mathematiker Georg Cantor entdeckte, dass es verschiedene Arten von Unendlichkeit gibt. Wie diese verschiedenen unendlichen Mächtigkeiten zueinander in Beziehung stehen, ist bis heute ungeklärt.

3-MINUTEN-REFLEXION
Cantors Vermächtnis ist eines der wenigen Beispiele dafür, dass ideologische Fragen eine Rolle in der Mathematik spielen können. Cantors Zeitgenosse Leopold Kronecker nahm das gesamte Thema nicht ernst und sagte: „Die ganzen Zahlen hat der liebe Gott gemacht, alles andere ist Menschenwerk." David Hilbert hingegen stellte fest: „Aus dem Paradies, das Cantor uns geschaffen, soll uns niemand vertreiben können." Diese unterschiedlichen Auf-fassungen bestehen bis heute. Während einige Mengentheo-retiker nach neuen Axiomen in der Mengenlehre suchen, um die Kontinuumshypothese entscheiden zu können, sind andere der Meinung, dass man es niemals herausfinden wird.

Es gibt viele unterschiedli-che unendliche Mächtig-keiten. Aber wie können wir herausfinden, dass wir sie alle entdeckt haben?

DIE RIEMANNSCHE VERMUTUNG

Mathe in 30 Sekunden

3-SEKUNDEN-ÜBERBLICK

Bernhard Riemann formulierte eine Vorschrift, die die Verteilung von Primzahlen beschreibt. Sie funktioniert, konnte aber bislang von niemandem als korrekt bewiesen werden.

3-MINUTEN-REFLEXION

Obwohl die Riemannsche Vermutung nicht bewiesen ist, waren Riemanns Ideen bedeutsam genug, um ein schwächeres Ergebnis zu beweisen, nämlich den Primzahlsatz. Mithilfe der Gaußschen Vermutung aus dem Jahr 1849 lässt sich die Anzahl an Primzahlen bis zu jeder gegebenen Grenze ausgezeichnet einschätzen. Auch wenn Gauß die Vermutung nicht beweisen konnte, so leiteten Hadamard und de la Vallée-Poussin sie unabhängig voneinander her, indem sie die Riemannschen Nullstellen bis auf einen rechteckigen kritischen Streifen zwischen 0 und 1 annähern konnten.

Auch heute noch gehören die Primzahlen zu den wichtigsten Untersuchungsbereichen der Mathematik. Das Problem ist nur, dass sie so unvorhersagbar sind. Es ist sehr schwierig zu bestimmen, wann die nächste Primzahl erscheinen wird, da sie einerseits gehäuft und kurz hintereinander auftreten (zum Beispiel 191, 193, 197, 199), es andererseits große Lücken zwischen ihnen gibt (zum Beispiel 773, 787, 797, 809). 1859 allerdings entwickelte Bernhard Riemann eine Formel, die Ordnung in dieses Chaos brachte. Das war genau das, wonach Mathematiker suchten. Mithilfe dieser Formel konnte nicht nur die genaue Anzahl an Primzahlen unterhalb einer gegebenen Grenze festgestellt werden, sondern auch die nächste Primzahl mit absoluter Genauigkeit vorherbestimmt werden. Obwohl Experimente die Annahme nahelegten, dass die Formel perfekt funktionierte, konnte Riemann dennoch nicht beweisen, dass sie immer zu den richtigen Ergebnissen führen würde. Die Formel beruhte auf einem mysteriösen Objekt namens „Riemannscher Zetafunktion". Eine Funktion ist eine Vorschrift, bei der man für jeden Eingabewert einen Ausgabewert erhält. In Riemanns Fall waren sowohl die Eingabe- als auch die Ausgabemenge die komplexen Zahlen (siehe *Imaginäre Zahlen*, S. 18). Riemann musste nun herausfinden, welche Eingabewerte Nullstellen erzeugen. Er vermutete, dass alle wichtigen Nullstellen auf einer parallel zur imaginären Achse (b) verlaufenden Geraden liegen, die auf der reellen Achse (a) durch den Punkt $1/2$ geht. Diese Gerade wird „kritische Gerade" genannt. Allerdings konnten weder Riemann selbst noch irgendein Anderer beweisen, dass das wahr ist.

SIEHE AUCH

IMAGINÄRE ZAHLEN
Seite 18

PRIMZAHLEN
Seite 22

DIE ZAHLENTHEORIE
Seite 30

3-SEKUNDEN-BIOGRAFIEN

CARL FRIEDRICH GAUSS
1777 – 1855

BERNHARD RIEMANN
1826 – 1866

JACQUES HADAMARD
1865 – 1963

CHARLES JEAN DE LA VALLÉE-POUSSIN
1866 – 1962

30-SEKUNDEN-TEXT
Richard Elwes

Liegen alle Riemannschen Nullstellen auf einer senkrechten Gerade bei $1/2$? Die Frage steht zwischen uns und den Geheimnissen der Primzahlen.

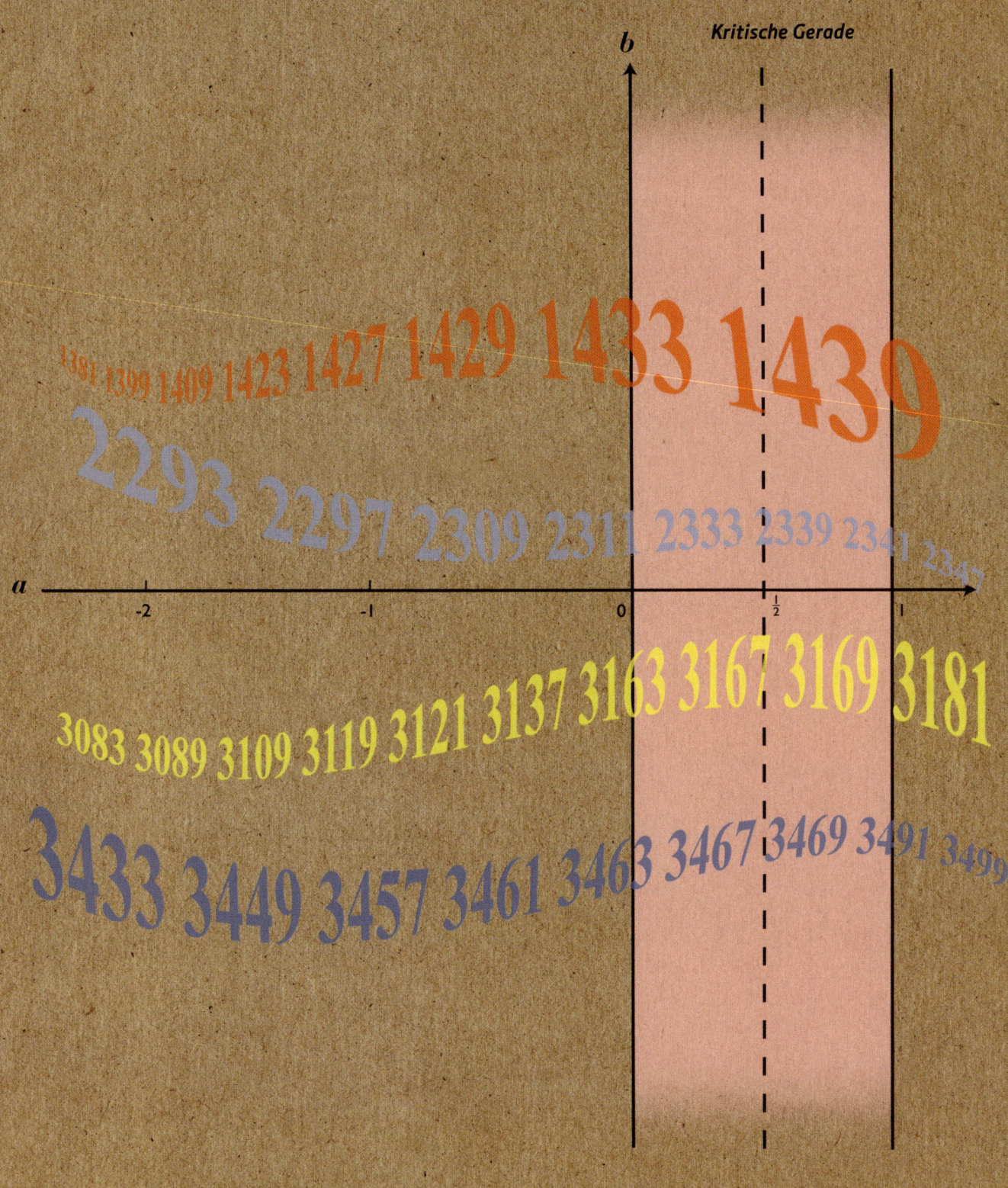

ANHÄNGE

QUELLEN

BÜCHER

Abbott, Edwin, *Flatland. Eine phantastische Geschichte über viele Dimensionen*, Traugott Bautz, 2012

Conway, John und Guy, Richard K., *Zahlenzauber. Von natürlichen, imaginären und anderen Zahlen*, Birkhäuser, 1997

Crilly, Tony, *50 Schlüsselideen Mathematik*, Spektrum Akademischer Verlag, 2009

Elwes, Richard, *How to Build a Brain*, Quercus, 2011

Elwes, Richard, *Maths 1001. Absolutely Everything that Matters in Mathematics*, Quercus 2010

Fathauer, Robert, *Designing and Drawing Tessellations*, Tessellations, 2010

Fathauer, Robert, *Fractal Trees*, Tessellations, 2011

Gardner, Martin, *Mathematische Rätsel und Spiele*, DuMont Buchverlag, 2012

Gowers, Thimothy, *Mathematik*, Reclam Verlag, 2011

Gowers, Timothy, *The Princeton Companion to Mathematics*, Princeton University Press, 2008

Hoffman, Paul, *Der Mann der die Zahlen liebte*, Ullstein, 1999

Hofstadter, Douglas, *Gödel, Escher, Bach. An Eternal Golden Braid*, Basic Books, 1979

Lamuá, Antonio, *Das Buch der Unendlichkeit. Wissenschaft, Philosophie, Kunst*, Librero, 2014

Maor, Eli, *Die Zahl e. Geschichte und Geschichten*, Birkhäuser, 1996

Paulos, John Allen, Von *Algebra bis Zufall. Streifzüge durch die Mathematik*, Campus Verlag, 1992

Pickover, Clifford A., *Das Mathebuch. Von Pythagoras bis in die 57. Dimension. 250 Meilensteine in der Geschichte der Mathematik*, Librero, 2013

Pommersheim, James; Marks, Tim und Flapan, Erica, *A Lively Introduction with Proofs, Applications, and Stories*, John Wiley & Sons, 2010

Singh, Simon, *Fermats letzter Satz. Die abenteuerliche Geschichte eines mathematischen Rätsels*, Deutscher Taschenbuch Verlag, 2003

Raymond Smullyan, *Wie heißt dieses Buch? Eine unterhaltsame Sammlung logischer Rätsel*, Vieweg Verlag, 1990

INTERNETSEITEN UND ZEITSCHRIFTEN

Die Wurzel
http://www.wurzel.org
Zeitschrift, die sich seit 1967 an Schüler und Lehrer der gymnasialen Oberstufe, an Studenten, Professoren und alle mathematisch Interessierten richtet. Artikel zu verschiedensten Teilgebieten der Mathematik und viele Aufgaben aus den Bereichen Kombinatorik, Zahlentheorie und Geometrie. Die Zeitschrift erscheint 10-mal jährlich. Mit einer guten Linksammlung.

Matherätsel
http://www.matheraetsel.de/
Mathematikrätsel für Schüler, Lehrer, Studenten und Freizeitmathematiker, u. a. zur Algebra, zur Geometrie, zu Kurven, zu Zahlen und zu Extremwerten. Bietet hilfreiche Links zu anderen deutschsprachigen Internetseiten.

mathe online
http://www.mathe-online.at/
Ein Projekt mit modernen Mathematik-Angeboten, die das gesamte Spektrum der Mathematik mit Lernpfaden, Werkzeugen, einem Lexikon der mathematischen Begriffe und einer umfangreichen Linksammlung abdecken. *Mathe online* wendet sich an Schüler der Sekundarstufen I und II und des zweiten Bildungswegs sowie an Studenten an Universitäten und in der Erwachsenenbildung.

Mathematische Basteleien
http://www.mathematische-basteleien.de/
Erklärungen und Anleitungen zum Basteln vieler mathematischer Objekte.

Wolfram MathWorld
http://mathworld.wolfram.com/
Extrem reichhaltiges Glossar (inklusive Suchmaschine) mathematischer Begriffe und Sachverhalte, zusammengestellt von Eric W. Weisstein, University of Virginia, USA.

DIE AUTOREN

Richard Brown ist Hochschullehrer und Direktor für die Bachelor-Studiengänge am mathematischen Institut der Johns Hopkins University in Baltimore, Maryland. Seine mathematischen Forschungen umfassen u. a. die topologischen und geometrischen Eigenschaften von Oberflächen, die er mithilfe dynamischer Strukturen untersucht. Er beschäftigt sich insbesondere mit der Frage, welche Auswirkungen topologische Transformationen eines Raums auf die Geometrie dieses Raums haben. Es gehört ferner zu seinen Aufgaben, die Effektivität der studentischen Ausbildung an der Universität im Bereich Mathematik für Bachelor-Studiengänge zu analysieren und zu verbessern sowie Anfangssemestern den schwierigen Übergang von der Schul- zur Universitätsmathematik zu erleichtern.

Richard Elwes ist Mathematiker, Forscher (Schwerpunkt Logik) und Lehrer. Er hat eine Reihe von Fachaufsätzen zur Modelltheorie veröffentlicht und u. a. die Bücher *Maths 1001* und *How to Build a Brain* verfasst. Er schreibt regelmäßig Beiträge zu mathematischen Fragen im *New Scientist*, unterrichtet in Meisterklassen an Schulen und hält öffentliche Vorträge. Elwes ist im Hörfunksender BBC World Service ebenso aufgetreten wie in einem Podcast des *Guardian* Weekly Science. Er lebt mit seiner Frau in Leeds und arbeitet an der dortigen Universität als Gastdozent und -forscher.

Robert Fathauer ist Designer von Geduldsspielen, Künstler und Autor. Er ist Inhaber der Firma Tessellations, die sich auf Produkte spezialisiert hat, die die Mathematik und die Kunst miteinander verbinden. Er hat Aufsätze zu Parkettierungen im Stil von M.C. Escher, zu fraktalen Objekten und zu fraktalen Knoten verfasst und u. a. die Bücher *Designing and Drawing Tessellations* und *Fractal Trees* geschrieben. Darüber hinaus hat er zahlreiche Gruppenausstellungen zur mathematischen Kunst sowohl in den USA als auch in Europa organisiert. Seinen Bachelor of Science hat er an der University of Denver in Mathematik und Physik gemacht und an der Cornell University hat er in Elektrotechnik promoviert. Mehrere Jahre hat er als Forscher und Abteilungsleiter für das Jet Propulsion Laboratory gearbeitet.

John Haigh ist emeritierter Professor für Mathematik an der University of Sussex. Er hat sich in seinen Forschungen vor allem mit Anwendungen von mathematischen Wahrscheinlichkeiten befasst, besonders in der Biologie und bei Glücksspielen. Neben seinen Universitätsvorlesungen hat er öffentliche Vortragsreihen gehalten, die von der Royal Statistical Society und der London Mathematical Society organisiert wurden. Zu seinen Buchveröffentlichungen zählen *Taking Chances*, eine Darstellung mathematischer Wahrscheinlichkeiten für Laien, und (zusammen mit Rob Eastway) *The Hidden Mathematics of Sport*, ein Titel, der verschiedene Möglichkeiten aufzeigt, wie man durch mathematisches Denken Erfolg und Freude im Sport verbessern kann.

David Perry ist promovierter Mathematiker und hat an der University of Wisconsin in Madison und an der University of Illinois in Urbana-Champaign studiert. Nachdem er zwei Jahre am Ripon College in Wisconsin unterrichtet hatte, ist er als Softwareentwickler in die Privatwirtschaft übergewechselt. Seit 1997 arbeitet er jeden Sommer für das Johns Hopkins' Talented Youth Programme und gibt Kurse, in denen die Zahlentheorie und Kryptologie behandelt werden. Er hat verschiedene Übungen verfasst für das Lehrbuch *Number Theory: A Lively Introduction with Proofs, Applications, and Stories* von James Pommersheim, Tim Marks und Erica Flapan. Derzeit schreibt er an seinem ersten Buch, einem historischen Fantasy-Roman, in dem es um die wahre Geschichte von David und Goliath geht.

Jamie Pommersheim ist Professor für Mathematik am Reeds College in Portland, Oregon. Er hat zahlreiche Fachbeiträge zu so unterschiedlichen Themen wie der algebraischen Geometrie, der Zahlentheorie, der Topologie und Quantencomputern veröffentlicht. Pommersheim hat nicht nur Studenten an Universitäten und Graduiertenschulen in die Zahlentheorie eingeführt, sondern auch begabte Schüler an Highschools. Er ist Mitautor des Lehrbuchs *Number Theory: A Lively Introduction with Proofs, Applications, and Stories*.

REGISTER

ABBILDUNGSNACHWEIS

Der Verlag möchte nachfolgenden Personen und
Organisationen für die freundliche Genehmigung
zum Abdruck von Abbildungen in diesem Buch
danken. Es wurde alles unternommen, alle
Urrechtsinhaber ausfindig zu machen. Sollten
wir dennoch jemanden übersehen haben,
entschuldigen wir uns und werden dies in
zukünftigen Ausgaben berücksichtigen.

Seite 129: Rubik's Cube® used by permission of
Seven Towns Ltd. www.rubiks.com

Seite 131: Permission to use knot imagery courtesy
of Dale Rolfsen, Rob Scharein and Dror Bar-Natan

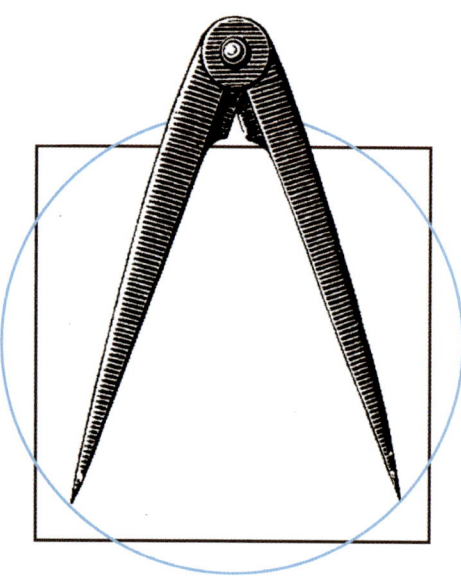